林业技术专业群新形态系列教材

实木家具结构制图与识图

陈 年　主 编

中国林业出版社
ⅢCFΙPHⅢ China Forestry Publishing House

图书在版编目（CIP）数据

实木家具结构制图与识图 / 陈年主编 . —北京：
中国林业出版社，2024.3
林业技术专业群新形态系列教材
ISBN 978-7-5219-2520-3

Ⅰ.①实… Ⅱ.①陈… Ⅲ.①木家具—制图 ②木家具
—识图 Ⅳ.① TS664.1

中国国家版本馆 CIP 数据核字（2024）第 004704 号

策划、责任编辑：田 苗 赵旖旎
责任校对：苏 梅
封面设计：周周设计局

———————————————

出版发行：中国林业出版社
（100009，北京市西城区刘海胡同 7 号，电话 83223120）
电子邮箱：cfphzbs@163.com
网 址：www.forestry.gov.cn/lycb.html
印 刷：北京中科印刷有限公司
版 次：2024 年 3 月第 1 版
印 次：2024 年 3 月第 1 次
开 本：787mm×1092mm 1/16
印 张：9
字 数：220 千字
定 价：42.00 元

数字资源

编写人员

主　　编：陈　年

副 主 编：戴达鹏　蒋佳志

编写人员：（按姓氏拼音排序）

曹春森（江西赣州市南康中等专业学校）

陈　年（江西环境工程职业学院）

戴达鹏（江西环境工程职业学院）

董志贤（江西自由王国家具有限公司）

蒋佳志（中山职业技术学院、中山市爱清居设计研发工作室）

前言

实木家具指以天然木材为主材制造的家具。在人类历史长河中，经过劳动经验的积累，家具的种类不断丰富，有以人造板为主材的板式家具，有以金属为主材的金属家具，有以塑料为主材的塑料家具，有以石材为主材的石材家具等。但纵观历史，用天然木材制作的家具历史更加久远、造型结构更加多样、生产制作流程更加复杂，并且实木家具也更加具有代表性。

本教材力求删繁就简、以点带面、图文并茂、深入浅出，分别介绍了实木家具制图、识图相关知识，了解实木家具制图的基础；通过对完整典型案例的学习，结合后期家具生产工艺等课程的实践操作，达到学习知识并掌握技能的目的；并在专业技能学习过程中体现新时代职业人才培养的新要求，融入坚毅、严谨、勤学、谦虚等素质教育目标。

本教材由陈年主编，陈年、戴达鹏、蒋佳志、董志贤、曹春森共同编写。其中项目一、项目二、项目三、项目五由陈年编写；项目四由曹春森、戴达鹏共同编写；项目六由蒋佳志、董志贤共同编写；全书由陈年审核统稿。江西环境工程职业学院家具学院温坊斌、黄路平同学做了大量资料整理工作，江西自由王国家具有限公司王依文、吴海山、叶春晖等设计师为本书编写提供了真实案例，在教材中以数字资源呈现，读者可扫描版权页二维码获取，在此表示感谢。

本教材适用于高等职业院校家具设计与制造及相关专业教学使用，也适用于家具企业员工培训。

由于编者水平有限，书中错误和不足之处恳请专家和读者批评、指正。

陈年

2023 年 9 月

目录

项目一 制图基础知识

【学习目标】

》知识目标

了解制图工具种类，掌握制图国家标准中关于图纸图幅、图框、图线、字体的规定。

》技能目标

能够正确使用制图工具和制图标准，能读懂图 1-1 中各种图线和尺寸标注的含义。

》素质目标

培养自我表达、团队合作、自主学习的能力。

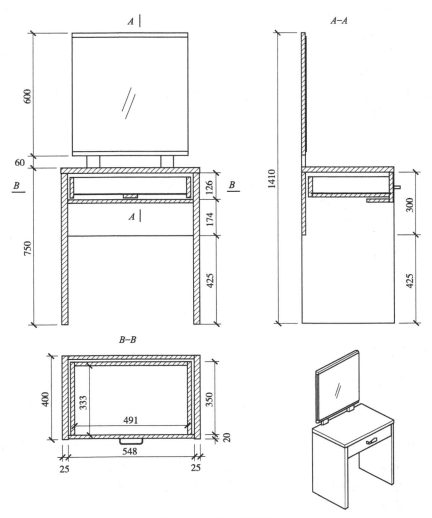

图 1-1　梳妆台结构图

任务 1-1　认识制图工具及其使用方法

【工作任务】

≫任务描述

学习制图工具种类并掌握制图方法，通过制图工具更高效地进行操作。

≫任务分析

针对本次任务，加深对制图工具的认识。

> 小提示：
> 　各种制图工具使用要规范、严谨

【知识准备】

在图板上进行手工绘图时，正确使用笔、尺、圆规、图板等绘图工具和仪器，是保证绘图质量和加快绘图速度的一个重要方面。

1. 图板、丁字尺和三角板

图板、丁字尺和三角板的用法如图 1-2（a）所示。图板是用来铺放与固定图纸的垫板，要求表面平整光洁，边角平直，便于丁字尺上下移动。

丁字尺是用于画水平线的长尺。尺头紧靠图板左侧的导向边，移动到所需画线的位置，自左向右画水平线。

三角板除了直接画直线外，也可配合丁字尺画垂直线和与水平线呈 30°、45°、60° 的斜线；两块三角板配合还可画出与水平线呈 15°、75° 的倾斜线，如图 1-2（b）所示。

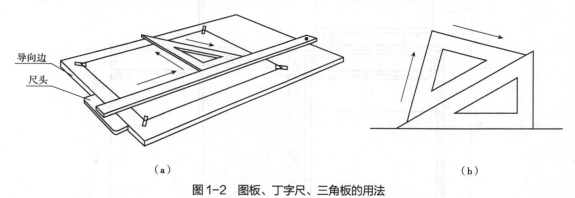

导向边

尺头

（a）　　　　　　　　　　　　　　　　（b）

图 1-2　图板、丁字尺、三角板的用法

2. 圆规与分规

圆规是画圆或圆弧的工具（图 1-3）。使用圆规时应先调整针脚，使针脚尖略长于铅芯。画圆时，应将圆规向前进方向稍微倾斜；画较大的圆时，应使圆规两脚都与纸面垂直（图 1-4）。

分规是用来量取线段的长度和分割线段、圆弧的工具。如图 1-5 所示是用分规采用试分法五等分直线段 AB，过程如下：先目测，将分规两针张开约直线的 1/5 长，在直线上连续量取 5 次，若分规的终点 C 落在点 B 之外，应将张开的两针间距缩短至 BC 长度的 1/5。若终点 C 落在点 B 之内，则将两针间距增大，重新再量取，直到 C 与 B 重合。此时分规张开的距离即可将线段 AB 五等分。等分圆弧的方法与等分线段的方法类似。

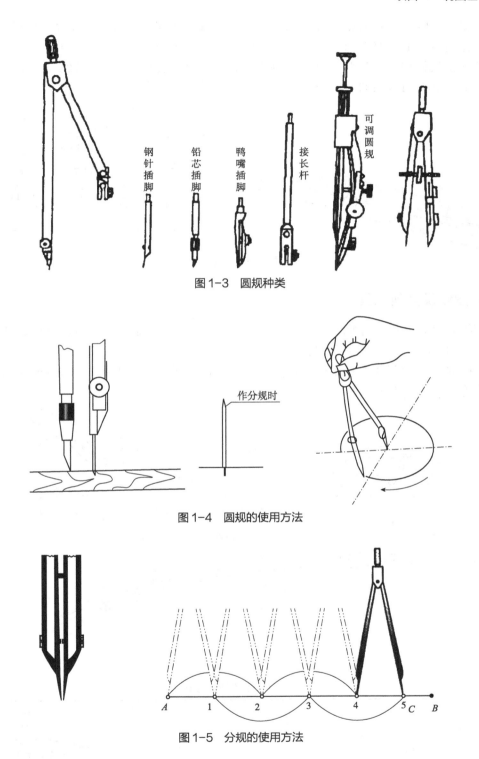

图1-3　圆规种类

钢针插脚

铅芯插脚

鸭嘴插脚

接长杆

可调圆规

作分规时

图1-4　圆规的使用方法

图1-5　分规的使用方法

3. 比例尺

　　建筑物的形体比图纸大得多，它的形体尺寸不可能用实际尺寸画出来，而是根据实际需要与图纸的大小，选用适当的比例将图形缩小表示。

　　如图 1-6 所示。有的比例尺做成三棱柱状，所以又称三棱尺。大部分三棱尺有 6 种刻度，分别表示 1：100、1：200、1：300、1：400、1：500、1：600 这 6 种比例。还有的比例尺做成直尺形状，称为比例直尺，它只有一行刻度和 3 行数字，表示 3 种比例，即 1：100、1：200、1：500。比例尺上的数字以米为单位。

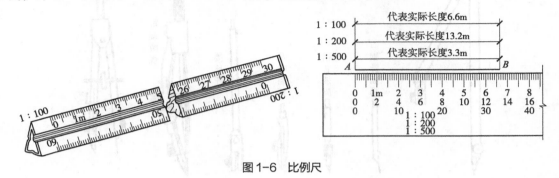

图1-6　比例尺

4. 图纸及其他工具

　　图纸有绘图纸和描图纸两种。绘图纸一般以质地厚实、颜色洁白、橡皮擦拭不易起毛为佳。描图纸应有韧性，透明度好。

　　绘图时使用的其他工具还有建筑模板，曲线板（图 1-7），0.3mm、0.6mm、0.9mm 绘图墨线笔，铅笔等（表 1-1）。

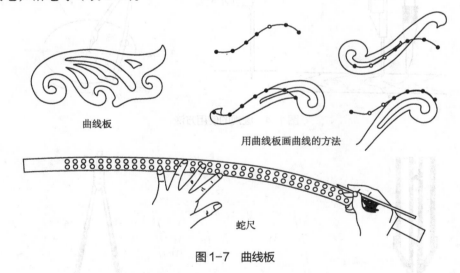

曲线板

用曲线板画曲线的方法

蛇尺

图1-7　曲线板

表 1-1　铅笔削尖形状

工具	用途	软硬代号	削磨形状	示意图
铅笔	画细线	2H 或 H	圆锥形	
	写字	HB 或 B	钝圆锥形	

（续）

工 具	用 途	软硬代号	削磨形状	示 意 图
铅笔	画粗线	B 或 2B	截面为矩形的四棱柱	
圆规用铅芯	画细线	H 或 HB	楔形	
	画粗线	2B 或 3B	正四棱柱	

5. 学习本课程必备的绘图工具及材料

木质绘图板（450mm×600mm）一个，丁字尺（450~600mm）一把，三角板一套（30°、45°、15mm），四大件圆规一个（含分规、直线笔功能），曲线板一个，制图模板一个，擦图片一个，铅笔刀一把，透明胶带一卷，H、HB、B 铅笔各 3 支，绘图橡皮擦一个，0 号图纸一张。

【任务实施】

1. 任务说明

准备和正确使用制图工具。

2. 任务准备

见"任务 1-1"的"5. 学习本课程必备的绘图工具及材料"。

3. 任务操作

准备制图工具、图纸。

【巩固训练】

1. 如何正确利用丁字尺画水平方向直线？

2. 如何正确利用丁字尺和三角板画 30°、45°、60° 的倾斜线？

3. 家具制图具体需要哪些必备的绘图工具及材料？

绘图工具介绍

任务 1-2　了解制图标准

【工作任务】

>>**任务描述**

学习制图国家标准。掌握图纸图幅大小，绘制图框、图线、撰写字体的基本知识。

>>**任务分析**

针对本次任务，对制图国际标准，图纸图幅大小，绘制图框、图线、撰写字数有更深刻的认识。

【知识准备】

1. 图纸的幅面规格

图纸幅面即图纸的大小。图纸幅面有 A0、A1、A2、A3、A4 等 5 种规格，各种图纸幅面尺寸和图框形式、图框尺寸都有明确规定，详见表 1-2，如图 1-8 所示。

表 1-2　图纸幅面与图框尺寸 单位：mm

图幅代号 尺寸代号	A0	A1	A2	A3	A4
$b \times l$	841 × 1189	594 × 841	420 × 594	297 × 420	210 × 297
c		10		5	
a			25		

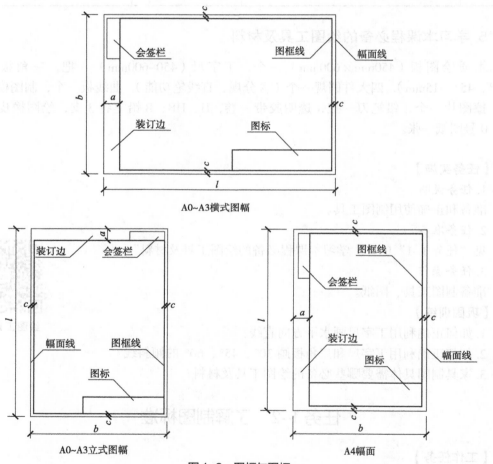

A0~A3横式图幅

A0~A3立式图幅

A4幅面

图 1-8　图幅与图框

长边作为水平边使用的图幅称为横式图幅，短边作为水平边使用的图幅称为立式图幅。在确定一项工程所用的图纸大小时，不宜多于两种图幅。目录及表格所用的 A4 图幅，可不受此限制。图纸的短边一般不应加长，长边可加长，但应符合表 1-3 的规定。特殊情况下，还可以使用 $b \times l$ 为 841mm × 891mm、1189mm × 1261mm 的图幅。

表 1-3　图纸边长加长尺寸　　　　　　　　　　　　　单位：mm

图幅代号	长边尺寸	长边加长后尺寸
A0	1189	1486、1635、1783、1932、2080、2230、2378
A1	841	1051、1261、1471、1682、1892、2102
A2	594	743、891、1041、1189、1338、1486、1635、1783、1932、2080
A3	420	630、841、1051、1261、1471、1682、1892

每张图纸都应在图框的右下角设立标题栏。标题栏规格视图纸的内容与工程具体情况而有不同的设定，可根据需要灵活运用，一般标题栏应有图纸名称、编号、设计单位、设计人员、校核人员及日期等内容。学生作业用图标题栏如图 1-9 所示。

会签栏包含实名列与签名列，是各工种负责人审验后签字的表格。一般放在装订边内，格式如图 1-10 所示。

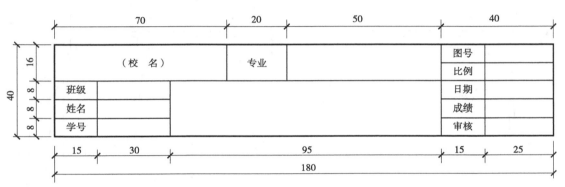

图 1-9　作业用图标题栏

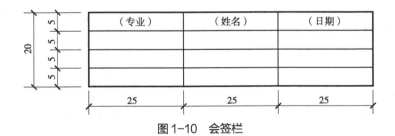

图 1-10　会签栏

2. 图线

在家具制图中，为了表达图样的不同内容，并使图面主次分明、层次清楚，必须使用不同的线型与线宽表示。

（1）线型

家具工程图中的线型有实线、虚线、点画线、双点画线、折断线和波浪线等多种类型，并把有的类型分为粗、细两种，用不同的线型与线宽表示家具图样的不同内容（图 1-11）。各种线型的名称、宽度及一般用途见表 1-4。

小提示：
　　各种线型绘制要严格按要求，一丝不苟

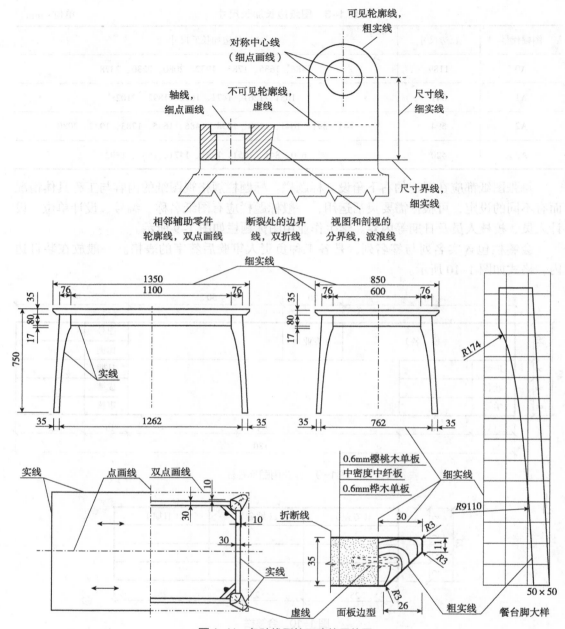

图1-11　各种线型的正确使用位置

表1-4　线型与线宽

名称	线型	宽度	用　　途
粗实线	—————————— b	b	①一般作主要可见轮廓线 ②平、剖面图中主要构配件断面的轮廓线 ③详图中主要部分的断面轮廓线和外轮廓线
细实线	——————————	$0.35b$	图例线、索引符号的线、尺寸线、尺寸界线、引出线、较小图形的中心线

（续）

名称	线型	宽度	用　途
细虚线	— — — —	0.35b	①结构详图中不可见构件轮廓线 ②图例线
细点画线	—— — ——	0.35b	分水线、中心线、对称线、定位轴线
折断线	～	0.35b	不需画全的断开界线
波浪线	～～～	0.35b	不需画全的断开界线

（2）线宽

线宽即线条粗细度，标准中规定了两种线宽：粗线（b）、细线（$0.35b$）。其中 b 表示线宽，线宽系列有 0.18、0.25、0.35、0.5、0.7、1.0、1.4、2.0 共 8 级，常用的线宽组合见表 1-5，同一幅图纸内，相同比例的图样应选用相同的线宽组合。图框线、标题栏线的宽度见表 1-6。

表 1-5　线宽组　　　　单位：mm

线宽比	线宽组					
b	2.0	1.4	1.0	0.7	0.5	0.35
$0.35b$	0.7	0.5	0.35	0.25	0.18	

表 1-6　图框线与标题栏线宽　　　　单位：mm

幅面代号	图框线	标题栏外框线	标题栏
A0、A1	1.4	0.7	0.35
A2、A3、A4	1.0	0.7	0.35

（3）图线的画法

绘制图线时应注意以下几点：

①在同一图样中，同类图线的宽度应一致。虚线、点画线及双点画线的线段长度和间隔应大致相等。

②相互平行的图线，其间隙不宜小于粗实线的宽度，其最小距离不得小于 0.7mm。

③绘制圆的对称中心线时，圆心应为线段交点。点画线和双点画线的起止端应是线段而不是短划。

④在较小的图形上绘制点画线、双点画线有困难时，可用细实线代替。

⑤形体的轴线、对称中心线、折断线和作为中断线的双点画线，应超出轮廓线 2~5mm。

⑥点画线、虚线和其他图线相交时，都应在线段处相交，不应在空隙或短划处相交。

⑦当虚线处于粗实线的延长线上时，粗实线应画到分界点，而虚线应留有空隙。当虚线圆弧和虚线直线相切时，虚线圆弧的线段应画到切点，而虚线直线需留有空隙（图 1-12、图 1-13）。

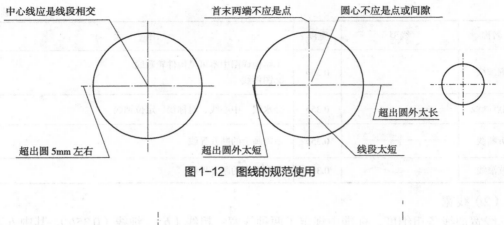

图1-12　图线的规范使用

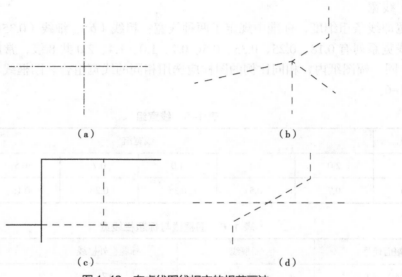

图1-13　有虚线图线相交的规范画法

3. 字体

家具工程图样中的汉字、数字、拉丁字母和一些符号，是家具工程图样的重要组成部分，字体不规范或不清晰会影响图面质量，也会给工程造成损失，因此制图标准对字体也做了严格规定，不得随意书写。

（1）汉字

工程绘图中规定汉字应使用长仿宋字体。汉字的常用字号（字高）有3.5、5、7、10、14、20共6种，字宽约为高的2/3。

长仿宋字的特点是：笔画刚劲、排列均匀、起落带锋、整齐端庄。其书写要领是横平竖直、注意起落、结构匀称、字形方正。横笔基本要平，可顺运笔方向稍向上倾斜，竖笔要直，笔画要刚劲有力。横、竖的起笔和收笔，撇、钩的起笔，钩折的转角等，都要顿一下笔，形成小三角和出现字肩。长仿宋体字示例如图1-14所示。

（2）字母与数字

拉丁字母、阿拉伯数字及罗马字根据需要可以写成正体或斜体。斜体字一般倾斜75°，当与汉字一起书写时宜写成正体。拉丁字母、阿拉伯数字及罗马字的字高，应不小于2.5mm。拉丁字母及数字的书写如图1-15所示。

图 1-14 长仿宋字示例

图 1-15 字母与数字的书写

4. 比例

在家具工程图样中往往不可能将图形画成与实物相同的大小，只能按一定比例缩小或放大。

比例是指图形与实物相对应的线性尺寸之比，即图距：实距＝比例。无论是放大还是缩小，比例关系在标注时都应把图中量度写在前面，实物量度写在后面，比值大于 1 的比例，称为放大比例，如 5：1；比值小于 1 的比例，称为缩小比例，如 1：100；比值为 1 的比例为原值比例，即 1：1。

无论采用什么比例绘图，标注尺寸时必须标注形体的实际尺寸，如图 1-16 所示。

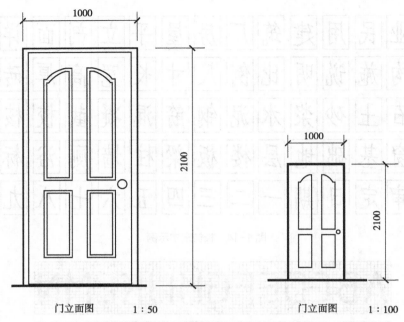

门立面图　　　1：50　　　　　　　门立面图　　　1：100

图1-16　不同比例的工程图样

　　绘图所用比例，应根据所绘图样的用途、图纸幅面的大小与对象的复杂程度来确定，并优先使用表1-7中的常用比例。

表1-7　绘图所用的比例

常用比例	1：1、1：2、1：5、1：10、1：20、1：50、1：100、1：200、1：500、1：1000
可用比例	1：3、1：4、1：6、1：15、1：25、1：30、1：40、1：60、1：80、1：150、1：250、1：300、1：400、1：600

5. 尺寸标注

　　尺寸是图样的重要组成部分，也是进行施工的依据，因此国标对尺寸的标注、画法都做了详细的规定，制图时应遵照执行。

　　图样上的尺寸由尺寸界线、尺寸线、尺寸起止符号、尺寸数字四要素组成，如图1-17所示。

　　尺寸界线用细实线绘制，一般应与被注长度垂直，其一端应离开图样轮廓线不小于2mm，另一端宜超出尺寸线2~3mm。必要时，图样轮廓线可用作尺寸界线。

　　尺寸线用细实线绘制，应与被注长度平行，且不宜超出尺寸界线。任何图线均不得用作尺寸线。

　　尺寸起止符号一般应用中粗斜短线绘制，其倾斜方向应与尺寸界线呈顺时针45°角，长度2~3mm。

　　尺寸数字一律用阿拉伯数字注写，尺寸单位一般为毫米，在绘图中不用标注。尺寸数字是指工程形体的实际大小而与绘图比例无关。尺寸数字一般标注在尺寸线中部的上方，字头朝上；竖直方向尺寸数字应注写在尺寸线的左侧，字头朝左。

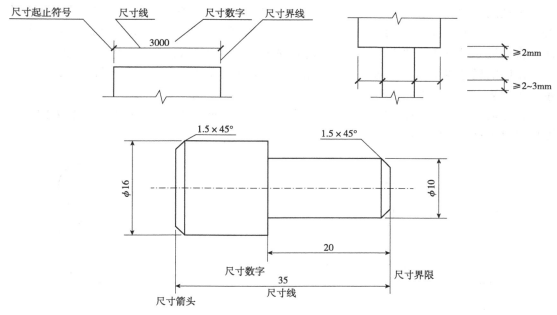

图1-17　尺寸标注的组成与界线距离

尺寸宜标注在图样轮廓线以外。互相平行的尺寸线，应从被标注的图样轮廓线由近向远整齐排列，小尺寸应离轮廓线较近，大尺寸应离轮廓线较远。图样轮廓线以外的尺寸线，距图样最外轮廓线之间的距离，不宜小于10mm。平行排列的尺寸线的间距宜为7~10mm，并应保持一致。总尺寸的尺寸界线，应靠近所指部位，中间分尺寸的尺寸界线可稍短，但其长度应相等，如图1-18所示。

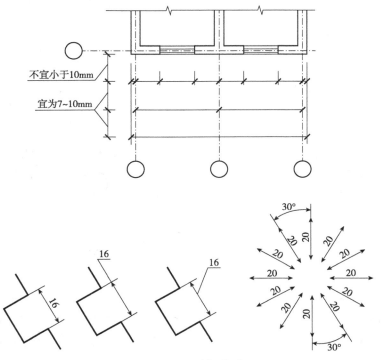

图1-18　尺寸的排列与布置

　　半径的尺寸线，应一端从圆心开始，另一端画箭头指至圆弧。半径数字前应加注半径符号"R"。圆及大于半圆的圆弧应标注直径，在直径数字前，应加符号"φ"。在圆内标注的直径尺寸线应通过圆心，两端箭头指向圆弧；较小圆的直径尺寸，可标注在圆外。

　　角度的尺寸线是圆心在角顶点的圆弧，尺寸界线为角的两条边，起止符号应以箭头表示，角度数字应水平方向书写。

　　标注坡度时，在坡度数字下应加注坡度符号——单面箭头，一般应指向下坡方向。坡度也可以用直角三角形形式标注，如图 1-19 所示。

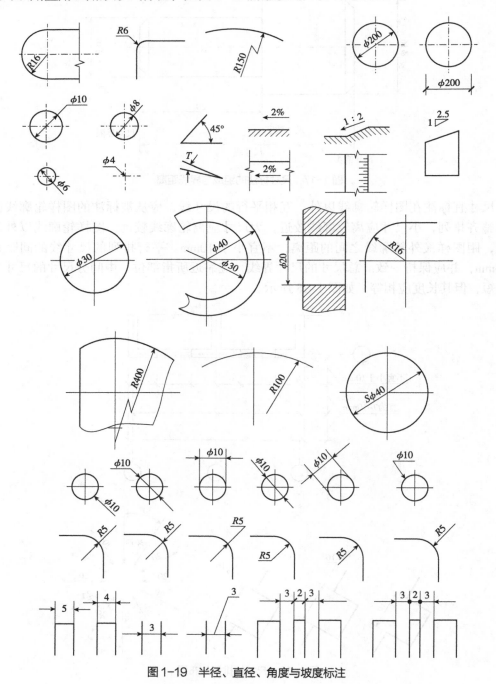

图 1-19　半径、直径、角度与坡度标注

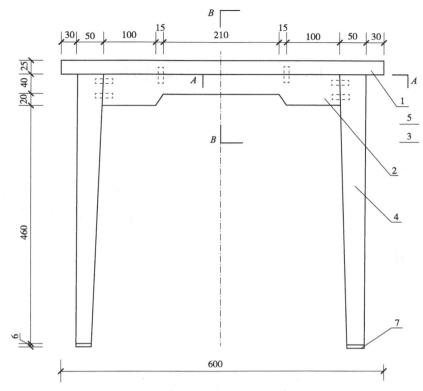

图 1-20 家具（方桌）标注范例

图 1-20 是家具（方桌）图标注范例。

【任务实施】

1. 任务说明

认识制图标准中关于图纸、图框、标题栏的规定，各种图线的规定与正确绘制应用，图纸中的字体书写要求，比例、尺寸标注的正确方法。此任务要求绘制 4 张 A4 作品。

2. 任务准备

需要准备好制图工具、图纸等。

3. 任务操作

绘制 A3 或 A4 图纸：绘制图框、标题栏，绘制图线，简单尺寸标注。

【巩固训练】

1. 图纸的规格有哪些？

2. A3 图纸的规格尺寸是多少？

3. A4 图纸的规格尺寸是多少？

4. 图样上的尺寸由哪 4 个要素组成？

制图国家标准

项目二 投影基础知识

【学习目标】

>>知识目标

了解投影的原理以及分类，掌握三视图的形成、三视图的等量关系，理解点、直线、平面这3个几何基本要素的投影规律和投影特性，并能按制图标准正确绘制点、直线、平面的三视图。

>>技能目标

能运用光影原理正确绘制三视图，基本几何体三视图的画法正确。

>>素质目标

培养精益求精的态度。

任务 2-1 认识投影法

【工作任务】

>>任务描述

学习投影的原理以及分类。

>>任务分析

针对本次任务，对投影的原理以及分类有更深刻的认识。

【知识准备】

日常生活中的影子、传统技艺皮影戏都是由光源照射物体，物件在投影面上（地面、幕布）成像，这是人们对投影最直观的感知。投影知识大多数源于生活，需要我们扩展自己的领悟能力，将这些自然现象归纳总结。

而工程制图的起源，就是来源于上述投影的原理。无论是机械制图、建筑制图还是家具制图，都是用投影原理绘制的。与一般绘画重在表现不同，制图要求在尺度上有一定联系，准确反映复杂的对象，需要严格按照投影原理制图，如三视图、剖视图等。

1. 投影原理

物体在光线的照射下，会在地面或墙面上产生影子，这个影子在某些方面反映了该物体的形状特征，这就是投影现象。根据这种现象，用投射线代替光线，通过物体射向预定平面而得到图形的方法称为投影法。如图 2-1 所示，点 S 称为投射中心，光线称为投射线，平面 P 称为投影面，投影面上得到的物体图形称为该物体的投影。

2. 投影法的分类

投影法分为中心投影法和平行投影法两类。

（1）中心投影法

如图 2-1（a）所示，投影线汇交于一点的投影方法称为中心投影法。按中心投影法得到的投影图，通常称为透视投影图。透视投影图的大小会随着物体距投射中心或投影面的远近而变化，不能反映物体真实大小，且作图复杂。在机械制图中很少采用，但它接近于视觉影像，直观性较强，但是度量性较差，常用于建筑效果图。

（2）平行投影法

①如图 2-1（b）、图 2-1（c）所示，投影中心 S 在无限远处，则投射线互相平行，由相互平行的投射线投射，而得到物体投影的方法称为平行投影法。

②在平行投影法中，按投射线是否与投影面垂直，又分为两种：正投影法和斜投影法。

a. 正投影法：如图 2-1（b）所示，投射线垂直于投影面的平行投影方法称为正投影法。正投影法直观性和度量性较好。

b. 斜投影法：如图 2-1（c）所示，投射线倾斜于投影面的平行投影方法称为斜投影法。斜投影法直观性较差，度量性较好。

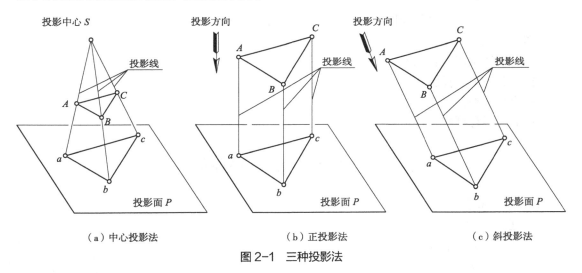

（a）中心投影法　　　　　（b）正投影法　　　　　（c）斜投影法

图 2-1　三种投影法

（3）正投影的投影特性

①实形性：当物体上的平面或直线与投影面平行时，其投影反映实形或实长，如图 2-2（a）所示。

②积聚性：当物体上的平面或直线与投影面垂直时，其投影积聚成一条直线或一个点，如图 2-2（b）所示。

③类似性：当物体上的平面或直线与投影面倾斜时，平面的投影为缩小的类似形，直线的投影比实际长短，如图 2-2（c）所示。

由于正投影有很好的度量性，且作图简便，家具工程图样多采用正投影法绘制。本书后续内容中如不做特别说明，其投影均指正投影。

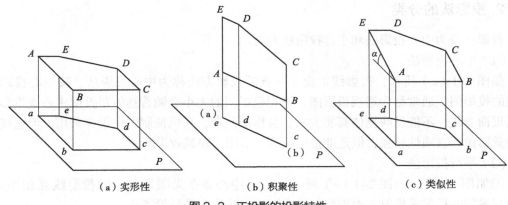

（a）实形性　　　　　　　（b）积聚性　　　　　　　（c）类似性

图2-2　正投影的投影特性

【任务实施】

1. 任务说明

熟悉投影的原理，绘图表达投影的三种类型。

2. 任务准备

准备绘图工具、图纸。

3. 任务操作

用圆规配合直尺进行绘图，不进行测量，以提高效率。

【巩固训练】

1. 投影的原理是什么？

2. 什么是中心投影法？

3. 什么是平行投影法？

4. 正投影有哪些特性？

任务2-2　认识三视图

【工作任务】

≫任务描述

学习三视图的形成、三视图的等量关系。

≫任务分析

针对本次任务，对三视图的形成、三视图的等量关系有更深

刻的认识。

> 小提示：
> 　　三视图中的等量关系
> 很重要

【知识准备】

用正投影法绘制的物体的正投影图，也称为该物体的视图。由于物体的一个视图只能反映物体两个方向的形状，不能完整地表达物体，故在家具工程图样中多采用多面视图，如图2-3所示。

1. 三视图的形成

首先把物体放在3个互相垂直的投影面体系中，物体的位置处在人与投影面之间，然后将物体分别向各投影面进行投影。

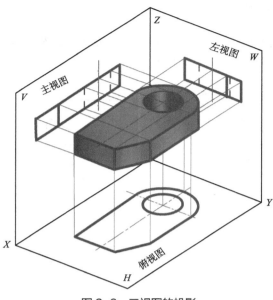

图 2-3　三视图的投影

在 3 个互相垂直的投影面体系中，H 面在水平位置，称为水平投影面（简称水平面）；V 面在正立位置，称为正立投影面（简称立正面）；W 面在侧立位置，称为侧立投影面（简称侧立面）。3 个投影面之间的交线称为投影轴，分别记作 X 轴、Y 轴和 Z 轴，3 条投影轴交于原点 O。

在正立投影面（V 面）上所得的图形称为正面投影，也称为主视图；在水平投影面（H 面）上所得的图形称为水平投影，也称为俯视图；在侧立投影面（W 面）上所得的图形称为侧面投影，也称为左视图，如图 2-4 所示。

为了把 3 个视图画在一张图纸上，制图标准规定：V 面不动，将 H 面如图 2-4 所示，绕 OX 轴向下旋转 90°；将 W 面绕 OZ 轴向右旋转 90°，使它们都与 V 面重合，这样主视图、俯视图、左视图即可画在同一平面上。由于投影面的大小与视图无关，因此，在画三视图时，可不画出投影面的边界和轴线，视图之间的距离可根据图纸幅面和视图的大小来确定。

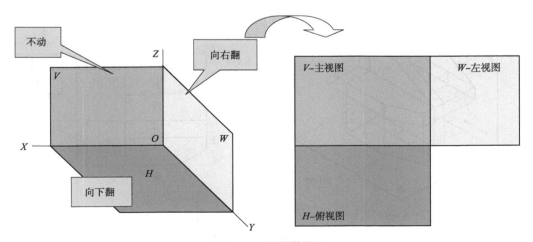

图 2-4　三视图的展开

2. 三视图间的等量关系

如图 2-5 所示，由投影面展开后的三视图可以看出：主视图反映立体的长和高；俯视图反映立体的长和宽；侧视图反映立体的高和宽。

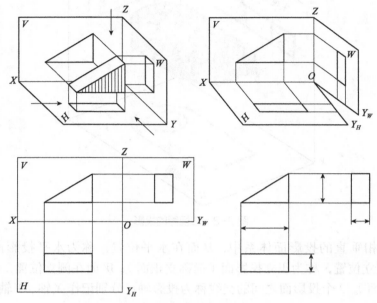

图 2-5　三视图的位置关系

由此可得出三视图的对应关系：主、俯视图长对正；主、左视图高平齐；俯、左视图宽相等。

特别注意：俯视图、左视图除了反映宽相等以外，前后位置也应符合对应关系：俯视图的下方和左视图的右方表示立体的前方；俯视图的上方和左视图的左方，表示立体的后方，如图 2-6 所示。

为了更加清晰地表达视图，三视图中都不画投影轴线。

> 小提示：
> 　　长对正、高平齐、宽相等（很重要）

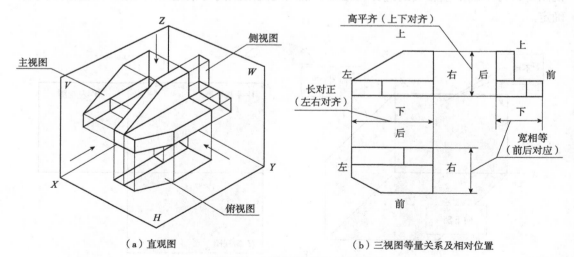

（a）直观图　　　　　　　　　　（b）三视图等量关系及相对位置

图 2-6　三视图从立体到展开

【任务实施】

1. 任务说明

制图工具准备，绘制一张简单立体的三视图。

2. 任务准备

准备制图工具、图纸，准备简单立体。

3. 任务操作

绘制图框、标题栏，绘制简单立体的三视图，试标尺寸。

基本几何体
三视图画法

【巩固训练】

1. 什么是三视图？

2. 三视图如何展开？

3. 三视图的位置关系是怎样的？

4. 三视图的等量关系是什么？

任务 2-3　绘制点、直线、平面的投影

【工作任务】

≫任务描述

学习点、直线、平面这 3 个几何基本要素的投影规律和投影特性，并能按制图标准正确绘制点、直线、平面的三视图。

≫任务分析

针对本次任务，对点、直线、平面这 3 个几何基本要素的投影规律和投影特性有更深刻的认识。

> 小提示：
> 　点、线、面是立体的基本元素

【知识准备】

任何形状的零件都是由面围成的。表面上的面与面的交线为棱线，棱线与棱线相交为点。为了迅速而正确地画出零件的视图，就必须掌握点、线、面这 3 个几何基本要素的投影规律和投影特性。

1. 点的投影

点在立体上可以是一些棱线的交点，如图 2-7 中四棱锥的锥顶 A。从 3 个视图上找到锥顶的投影，可见完全符合前面叙述的投影规律。现把空间某一点 A 抽象出来研究它的投影，从图中可看到作 A 点的三面投影，就是由 A 点分别向 3 个投影面作垂线，其垂足 a、a'、a''，即为 A 点的三面投影图。

（1）点的规范标注

①空间要素用大写字母表示，如 A、B、C。

②其投影用相应的小写字母表示，如水平投影用 a、b、c；正面投影用 a'、b'、c'；侧面投影用 a''、b''、c''。

③把空间体系的立体图中的 3 个投影面展开，得到 A 点的三面投影（图 2-8），可以看到：

a. A 点的正面投影 a' 由 X 和 Z 两个坐标决定，其中：X 坐标为 $Oa_X = a'a_Z$，Z 坐标为 $Oa_Z = a'a_X$；

b. A 点的水平投影 a 由 X 和 Y 两个坐标决定,其中:X 坐标为 $Oa_x = aa_Y$,Y 坐标为 $Oa_Y = aa_X$;

c. A 点的侧面投影 a″ 由 Y 和 Z 两个坐标决定,其中:Y 坐标为 $Oa_y = a″a_Z$,Z 坐标为 $Oa_Z = a″a_Y$。

④从图 2-8 中可以看出,A 点的每一个投影都反映两个坐标位置,实际就是 A 点到两个投影面的距离,例如:

a. a′ 的 X 坐标反映 A 点到 W 面的距离,Z 坐标反映 A 点到 H 面的距离;

b. a 的 X 坐标反映 A 点到 W 面的距离,Y 坐标反映 A 点到 V 面的距离;

c. a″ 的 Y 坐标反映 A 点到 V 面的距离,Z 坐标反映 A 点到 H 面的距离。

不难看出,任何两个投影中都包含了 X、Y、Z 3 个坐标,也就是说空间一个点的两个投影确定了,这个点的位置就确定了,根据前面介绍的三视图的三等关系,第 3 个投影很容易求出。换句话说,我们可以用坐标值(X,Y,Z)来确定某点的正确位置,从而画出其三面投影图。

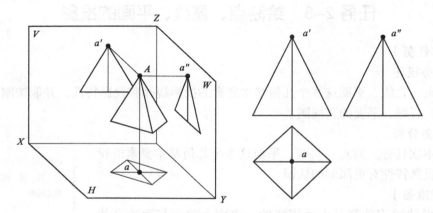

图 2-7　立体表面上一个点的投影

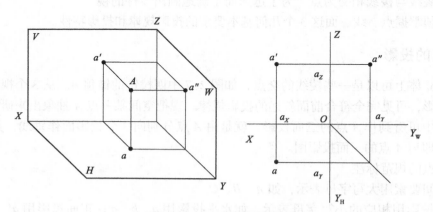

图 2-8　点 A 投影展开图

⑤如图 2-9 所示有一点 B,已知 B(30,20,40)就可以画三面投影图,图中每段的长度已标出。画其直观图时,可先画各面投影 b、b′ 和 b,注意其中 Y 方向与水平线呈 45°倾斜。为了方便计算,在量 Y 坐标时,不要缩短,然后按投影反方向画线,3 条直线相交于空间 B 点。图中更清楚地看出,B(30,20,40)距 W 面 30,距 V 面 20,而距 H 面为 40。

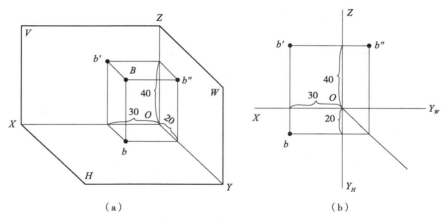

图2-9 已知点的坐标求点的投影

⑥已知点的两个投影，根据等量关系可以求出第3个投影（图2-10）。注意Y_W、Y_H之间的过渡线必须是45°斜线。从中可以看出，空间任何一点的3个投影都符合长对正、高平齐、宽相等的规律。

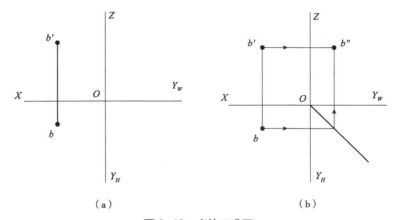

图2-10 点的二求三

（2）特殊位置的点

①投影面上的点：在图2-11中，点F在V面上，距V面的距离为0，所以它的水平投影f在OX轴上，侧面投影f''在OZ轴上，正面投影f'和点F重合。

②投影轴上的点：图2-12中点A在OX轴上，所以它的正面投影a'和水平投影a重合在OX轴上点A处，侧面投影a''与原点O重合。

（3）空间两点的相对位置

空间两点的相对位置，是以其中某一点为基准，判别另一点的前后、左右和上下的位置。若以B点为基准，则由图2-13（a）可知，A点距H面的距离比B点高9mm（A点在B点的上方）；A点距V面的距离比B点近6mm（A点在B点的后面）；A点距W面的距离比B点近10mm（A点在B点的右方）。图2-13（b）为其立体图。

（4）重影点及其可见性

①当空间两点位于某一投影面的同一投影线上时，此两点在该投影面上的投影重合。此重合的投影称为重影点。

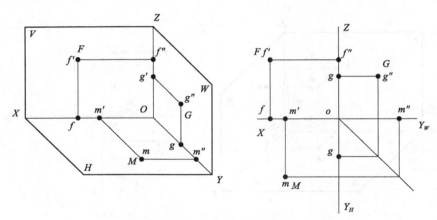

图 2-11   在投影面上的点

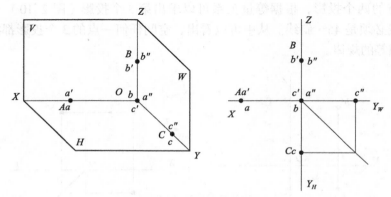

图 2-12   在投影轴上的点

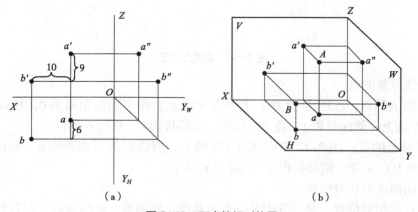

（a）   （b）

图 2-13   两点的相对位置

②如图 2-14 所示，A、B 两点在同一条垂直于 H 面的投影线上，这时称 A 点在 B 点的正上方，两者在 H 面上的投影为重影点。但两点在其他面上的投影不重合。

③至于 a、b 两点的可见性可根据图 2-14（b）所示的 V 面投影（或 W 面投影）进行判别。因为 a' 点高于 b'（或 a'' 点高于 b''），即 A 点在 B 点的正上方，故 a 点为可见，b 点为不可见。为了便于区分，不可见的投影其字母加括号表示。

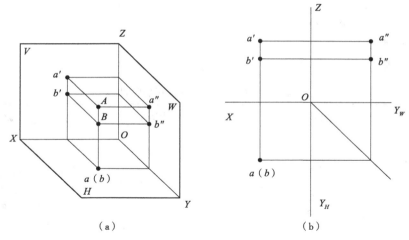

图 2-14　重影点及其可见性

2. 线的投影

直线的投影一般情况下还是直线。画直线的投影时可以先画出直线两端点的各个投影，然后用直线连接各同名投影即可。在立体图中则是指棱线（两个面的交线）的投影。直线相对于投影面可以有各种不同的位置关系，如平行关系、垂直关系和一般位置关系，其中平行关系和垂直关系又因相对的投影面不同而产生不同位置的平行线和垂直线。

（1）投影面平行线

①在三投影面的体系中，平行于一个投影面而对其他两个投影面倾斜的直线称为投影面平行线，简称平行线，共有 3 种：

a. 正平线——平行于正立面 V 的直线，与 H 面、W 面倾斜；

b. 水平线——平行于水平面 H 的直线，与 V 面、W 面倾斜；

c. 侧平线——平行于侧立面 W 的直线，与 V 面、H 面倾斜。

②如图 2-15 所示的立体，取其中一条棱线 AB 加以分析。AB 两点到 V 面的距离（即 Y 坐标）相等，在投影图上其水平投影 ab 就与 OX 轴平行，即平行于 V 面。由于平行于正面，其正面投影将反映实长，而且反映该直线与 H 面的倾角 α，与 W 面的倾角 γ。简言之，正平线 AB 的投影特性是：

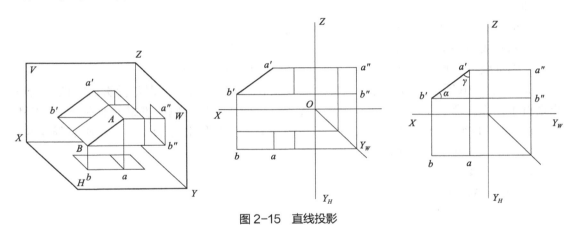

图 2-15　直线投影

a. $a'b' = AB$；

b. $ab // OX$，$a''b'' // OZ$；

c. $a'b'$ 反映倾角 α 和 γ。

水平线、侧平线也有类似的投影特性，见表 2-1。

表 2-1　投影面平行线的投影特性

类别	立体图	投影图	投影特性
正平线	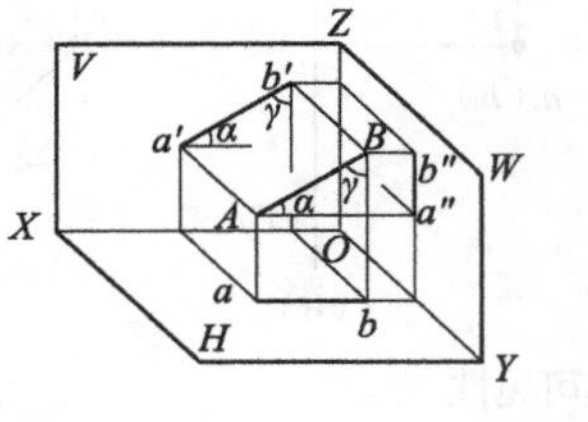	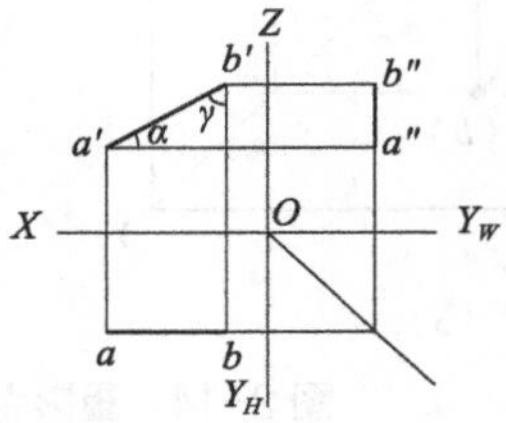	① $a'b'$ 倾斜于投影轴，反映实长和真实倾角 α、γ ② $ab // X$ 轴，$a'b'' // Z$ 轴，长度缩短
水平线	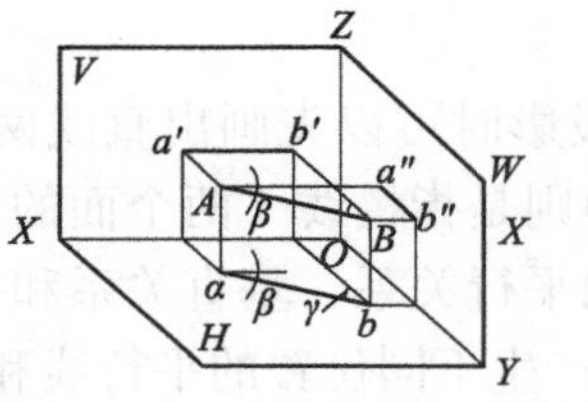	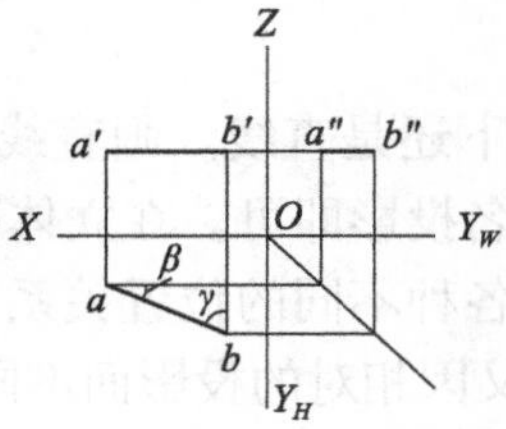	① $a'b'$ 倾斜于投影轴，反映实长和真实倾角 β、γ ② $a'b' // X$ 轴，$a''b'' // Y_W$ 轴，长度缩短
侧平线	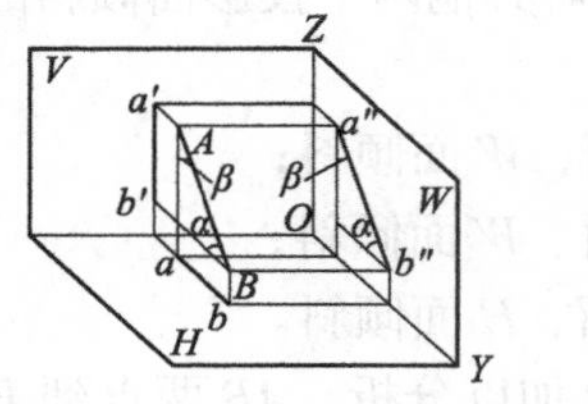	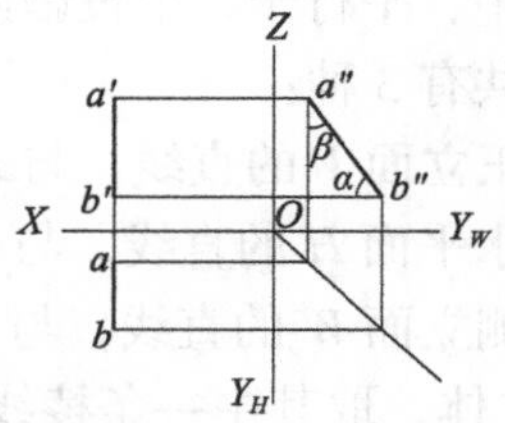	① $a''b''$ 倾斜于投影轴，反映实长和真实倾角 β、α ② $a'b' // Z$ 轴，$ab // Y_W$ 轴，长度缩短

（2）投影面垂直线

①在三面投影的体系中，垂直于一个投影面的直线称为投影面垂直线，简称垂线，共有 3 种：

a. 正垂线——垂直于正立面 V 的直线，与 H 面、W 面平行；

b. 锚垂线——垂直于水平面 H 的直线，与 V 面、H 面平行；

c. 侧垂线——垂直于侧立面 W 的直线，与 V 面、H 面平行。

②如图 2-16 所示，对垂直于正立面的直线 AC 进行分析。根据正投影的特性，正垂线垂直于正面，那么正面投影必积聚成一个点，而水平投影和侧面投影分别垂直于 OX 和 OZ 轴，也就必须平行于水平面和侧立面，因此其水平投影和侧面投影都反映直线实长。简言之，正垂线的投影特性是：

a. $a'c'$ 积聚成一点；

b. $ac \perp OX$，$ac = AC$；

c. $a''c'' \perp OZ$，$a''c'' = AC$。

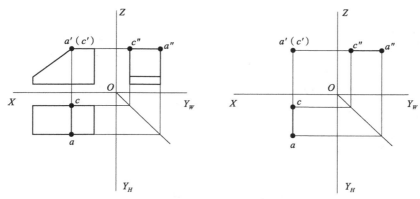

图 2-16　投影面垂直线

铅垂线和侧垂线也有类似的投影特性，投影面垂直线的投影特性见表 2-2。

表 2-2　投影面垂直线的投影特性

名称	立体图	投影图	投影特性
正垂线			① a'、b' 积聚为一点 ② a'' b'' //Y_W 轴，ab//Y_H 轴，都反映实长
铅垂线			① a、b 积聚为一点 ② a' b' //Z 轴，a'' b'' //Z 轴，都反映实长
侧重线			① a''、b'' 积聚为一点 ② ab//X 轴，ab' //X 轴，都反映实长

（3）一般位置直线

①与 V、H、W 3 个投影面都倾斜的直线称为一般位置直线，如图 2-17 所示。

②一般位置直线的投影特性是：在 3 个投影面上的投影都倾斜于投影轴，线段长度缩短；3 个投影与投影轴的夹角，都不反映直线对投影面的真实倾角。

3. 平面的投影

按平面在三投影体系中的位置关系，可以将平面的投影分为投影面的平行面、投影面

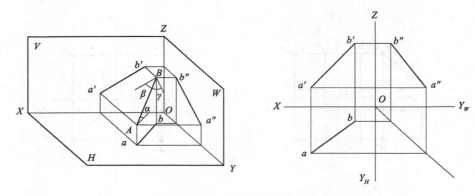

图 2-17　一般位置直线的投影

的垂直面和一般位置平面 3 种类型，其中前两种又因相对每个投影面的位置不同产生不同的平行面和垂直面。

（1）投影面平行面

①在三投影面的体系中，平行于某一投影面的平面称为投影面平行面，简称平行面，平行面有 3 种：

　　a. 正平面——平行于正立面 V 的平面；

　　b. 水平面——平行于水平面 H 的平面；

　　c. 侧平面——平行于侧立面 W 的平面。

②平行面的投影特性：平行的投影面上反映平面的实际形状。平行于一个投影面，必然垂直于其他两个投影面，所以另外两个投影都积聚成直线，并且分别平行于相应的投影轴，如图 2-18 所示。

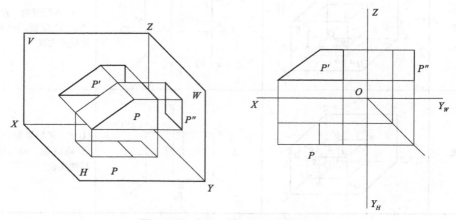

图 2-18　立体上某一正平面的投影

③以正平面为例，如图 2-19 中的立体上有一个表面 P 平行于 V 面，因此该平面在 V 面上的投影就反映实形，其水平投影和侧面投影，分别是平行于 OX 和 OZ 的积聚性直线。简言之，正平面 P 的投影特性是：

　　a. $p'=P$，反映实形；

　　b. p 积聚成直线，$p \parallel OX$；

　　c. p'' 积聚成直线，$p'' \parallel OZ$。

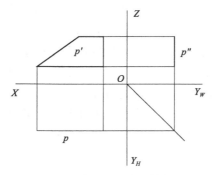

图 2-19 投影面平行面的投影

水平面、侧平面都有相似的投影特性，投影面平面行的投影特性见表 2-3。

表 2-3 投影面平面行的投影特性

类别	空间位置直观图	投影图	投影特性
正平面			① $p' = P$，反映实形 ② p 积聚成直线，p // X 轴 ③ p'' 积聚成直线，p'' // Z 轴
水平面			① $q = Q$，反映实形 ② q' 积聚成直线，q' // X 轴 ③ q'' 积聚成直线，q'' // Y_w 轴
侧平面			① $r'' = R$，反映实形 ② r' 积聚成直线，r' // Z 轴 ③ r 积聚成直线，r // Y_H 轴

（2）投影面垂直面

①在三投影体系中，垂直于某一投影面的平面称为投影面垂直面，简称垂直面。垂直面也有 3 种情况：

a. 正垂面——垂直于正立面 V 的平面；

b. 铅垂面——垂直于水平面 H 的平面；

c. 侧垂面——垂直于侧立面 W 的平面。

②垂直面的投影特性：垂直的投影面上，投影积聚成一条直线。由于与另外两个投影面倾斜，所以这两个投影不反映实形，但形状相似。

③现以正垂面为例进行分析，图 2-20 中的 P 面是正垂面，所以在 V 面上积聚成一条线，并且反映 P 平面与 H 面的倾角 α、与 W 面的倾角 γ。水平投影与侧面投影均不反映实形，但形状相似。简言之，正垂面的投影特性是：

p' 积累成直线，反映 α、γ 角；p、p'' 均为相似图形，都不反映实形。

铅垂面、侧垂面都具有类似的投影特性，见表 2-4。

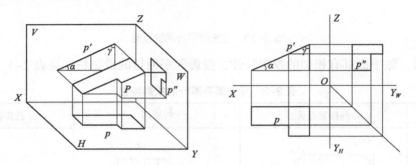

图 2-20　立体上某一垂直面的投影

表 2-4　投影面垂直面的投影特性

类别	立体图	投影图	投影特性
正垂面			① p 积聚成直线，反映 α、γ 角 ② p、p'' 为形状相似的两个图形
铅垂面			① q 积聚成直线，反映 β、γ 角 ② q'、q'' 为形状相似的两个图形
侧垂面			① r'' 积聚成直线，反映 α、β 角 ② r'、r'' 为形状相似的两个图形

（3）一般位置平面

①与 3 个投影面既不平行也不垂直的平面为一般位置平面。所以，一般位置平面相对 3 个投影面都倾斜，如图 2-21 所示四棱锥表面 *SAB* 的投影。

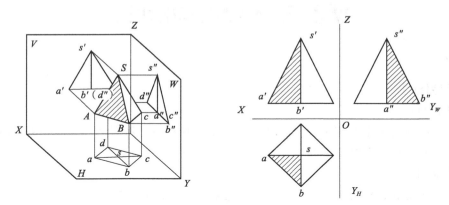

图 2-21　一般位置平面的投影

②从图 2-21 中可以看出，一般位置平面的 3 个投影都是平面图形，而且没有一个平面图形反映平面的实形，也不反映与投影面的倾角。但 3 个图形形状相似，如 s'a'b' 是三角形，另外两个投影也是三角形。

③画一般位置平面的投影，可先画出各点的投影，再连点成线，线连成面，完成平面图形的投影。

【任务实施】

1. 任务说明

绘制 3 张 A4 作品。

2. 任务准备

准备制图工具、图纸等。

3. 任务操作

图纸制作（A4），图框、标题栏绘制，图线绘制。分别绘制点、直线、平面的三视图进行练习。

【巩固训练】

1. 重影点如何正确标注？

2. 直线的三视图有哪几种情况？

3. 平面的三视图有哪几种情况？

【学习目标】

▶▶知识目标

了解轴测图的作用及相关种类，熟悉绘制正等轴测图时用到的两个作图基本参数，理解绘制正面斜二轴测图时用到的两个作图的基本参数。

▶▶技能目标

能够培养团队合作绘制的能力，能正确绘制正面斜二轴测图。

▶▶素质目标

培养团队合作精神，强化学生工程伦理教育。

任务 3-1 认识轴测图

【工作任务】

▶▶任务描述

学习轴测图的作用及相关种类，以便更高效地进行操作。

▶▶任务分析

针对本次任务，对轴测图的作用及相关种类有更深刻的认识。

【知识准备】

在家具制图中，为了准确地表达形体的形状和大小，通常采用正投影图。正投影图作图简便、度量性好，但是缺乏立体感，直观性差，未经过专业训练很难看懂。为了更好地理解正投影图，常使用轴测图作为辅助图样。轴测图是一种单面投影图，可以在一个投影面上同时反映形体的三维尺度，立体感强，更加形象、逼真。但是，轴测图作图复杂，并且度量性差，很难准确反映形体的真实大小，一般只作为辅助性图样（图 3-1）。

小提示：
　　轴测图是立体图，但其缺乏立体真实感和直观感。

1. 轴测图的形成

将形体连同确定空间位置的直角坐标系一起用平行投影法，沿不平行任意坐标系的方向 S 投射到投影面 P 上，所得到的投影称为轴测投影。用这种方法画出的图称为轴测投影图，简称轴测图。其中，投影方向 S 为投射方向。投影面 P 为轴测投影面，形体上的原坐标轴 OX、OY、OZ 在轴测投影面 P 的投影为 O_1X_1、O_1Y_1、O_1Z_1，图 3-2 为轴测图的形成过程。

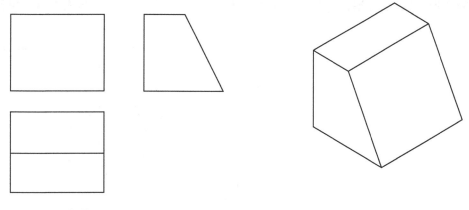

（a）正投影图（三视图）   （b）轴测图

图 3-1 正投影图和轴测图的比较

2. 轴测图的基本参数

轴测图的基本参数主要有轴间角和轴向伸缩系数。

（1）轴间角

轴间角为轴测轴之间的夹角，如图 3-2 中的 $\angle X_1 O_1 Y_1$、$\angle X_1 O_1 Z_1$、$\angle Y_1 O_1 Z_1$。

（2）轴向伸缩系数

轴测轴上某段长度与它的实长之比称为轴向伸缩系数。常用字母 p、q、r 来分别表示 OX、OY、OZ 轴的轴向变形系数，可表示为：

a. OX 轴的轴向伸缩系数 $p=O_1X_1/OX$；

b. OY 轴的轴向伸缩系数 $q=O_1Y_1/OY$；

c. OZ 轴的轴向伸缩系数 $r=O_1Z_1/OZ$。

3. 轴测图特性

（1）平行性

空间互相平行的线段，它们的轴测投影仍然互相平行。如图 3-2 所示，空间形体上的线段 AB 与 CD 平行，其在投影面 P 上的投影 A_1B_1、C_1D_1 仍然平行。因此，形体上与坐标轴平行的线段，其轴测投影必然平行于相应的轴测轴，且其变形系数与相应的轴向变形系数相同。但是，空间中不平行于坐标轴的线段不具备该特性。

（2）定比性

空间互相平行的两线段长度之比，等于它们的轴测投影长度之比。如图 3-2 所示，空间形体上两线段 AB 与 CD 之比等于其投影 A_1B_1 与 C_1D_1 之比。因此，形体上平行于坐标轴的线段，其轴测投影长度与实长之比等于相应的轴向变形系数。另外，同一直线上的两线段长度之比，也与其轴测投影长度之比相等。

（3）显实性

空间形体上平行于轴测投影面的直线和平面，在轴测图上反映实长和实形。如图 3-2 所示，空间形体上线段 AB、CD 以及由这两条线段组成的平面 $ABCD$ 与投影面 P 平行，则在轴测图上的投影 A_1B_1、C_1D_1 以及由它们组成的平面 $A_1B_1C_1D_1$ 分别反映线段的实长以及平面的实形。因此，选择合适的轴测投影面，使形体上的复杂图形与之平行，可简化作图过程。

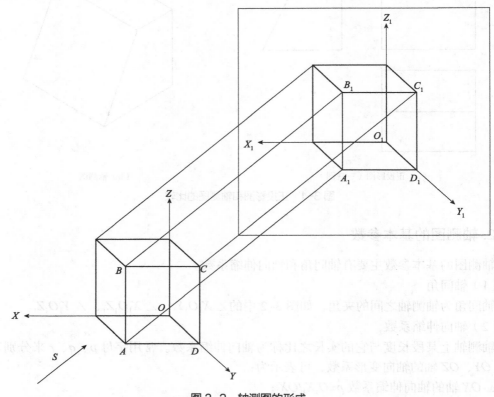

图 3-2　轴测图的形成

4. 轴测图的分类

根据投影方向不同，轴测图可分为两种：一种是改变物体相对于投影面的位置，而投影方向仍垂直于投影面，所得轴测图称为正等轴测图；另一种是改变投影方向，使其倾斜于投影面，而不改变物体与投影面的相对位置，所得投影图称为斜轴测图。

（1）正轴测投影

正轴测投影是指投影方向垂直于投影面时所得到的轴测投影。坐标系中的 3 根坐标轴 O_1X_1、O_1Y_1 和 O_1Z_1 都与投影面 P 倾斜，然后用正投影法将形体与坐标系一起投影到投影面 P 上，即在 P 面上得到此形体的正轴测投影。

（2）斜轴测投影

斜轴测投影是指投影方向倾斜于投影面时所得到的轴测投影。投影面 P 平行于坐标面 $X_1O_1Z_1$，而使投影方向倾斜于投影面 P，即在 P 面上形成此形体的斜轴测投影。在斜轴测投影中。

根据轴向伸缩系数不同，每类轴测图又可分为 3 类：3 个轴向伸缩系数均相等的，称为等测轴测图；其中只有两个轴向伸缩系数相等的，称为二测轴测图；3 个轴向伸缩系数均不相等的，称为三测轴测图。

以上两种分类结合，便得到 6 种轴测图，分别简称为正等测、正二测、正三测、斜等测、斜二测、斜三测轴测图。工程制图中正等测和斜二测轴测图使用较多，本书只介绍这两种轴测图的画法。

5. 绘制轴测投影时需要遵守的作图原则

①轴测投影属于平行投影，所以轴测投影具有平行投影的所有特性，画轴测投影时必须保持平行性、定比性。例如，空间形体上互相平行的直线，其轴测投影仍互相平行；空间互相平行的或同在一直线上的两线段长度之比，在轴测投影上保持不变。

②空间形体上与坐标轴平行的线段，其轴测投影的长度等于实际长度乘以相应轴测轴的轴向伸缩系数，即沿着轴的方向按比例截取尺寸。

【任务实施】

1. 任务说明

熟练掌握轴测图的形成；掌握轴测图基本参数的概念。绘制指定轴测图。

2. 任务准备

绘图工具、图纸准备。

3. 任务操作

用绘图工具抄绘轴测图形成过程图。

【巩固训练】

1. 什么是轴测图？

2. 轴测图的基本参数有哪些？

3. 轴测图有什么特性？

任务 3-2　绘制正等轴测图

【工作任务】

>>任务描述

学习绘制正等轴测图时用到的两个作图基本参数，能正确绘制正等轴测图。

>>任务分析

针对本次任务，对绘制正等轴测图时用到的两个作图基本参数有更深刻的认识。

【知识准备】

轴测图常见画法是为了保证轴测图具有较强的立体感，P 面必须同时与 3 个坐标轴斜交才能在轴测图上反映出物体 3 个坐标面上的形象，即正等轴测图。

1. 轴间角和轴向伸缩系数

在正投影中，当 $p=q=r$ 时，3 个坐标轴与轴测投影面的倾斜角都相等，均为 $35° 16'$。由几何关系可以证明，其轴间角均为 $120°$，3 个轴向伸缩系数：$p=q=r=\cos35° 16'=0.82$。

在实际画图时，为了作图方便，一般将 O_1Z_1 轴设置为铅垂位置，各轴向伸缩系数采用简化系数，即 $p=q=r=1$。这样，沿各轴向的长度都均被放大 1.22 倍（1/0.82），轴测图也就比实际物体大，但对形状没有影响。表 3-1 给出了轴测图的画法和各个轴向的简化轴向伸缩系数。

表 3-1　轴测图的画法

	投影线方向	投影线与轴测投影面垂直，Z轴垂直向上，轴间角均为 120°
特性	轴向伸缩系数	$p=q=r=0.82$
	简化轴向伸缩系数	$p=q=r=1$
	轴间角	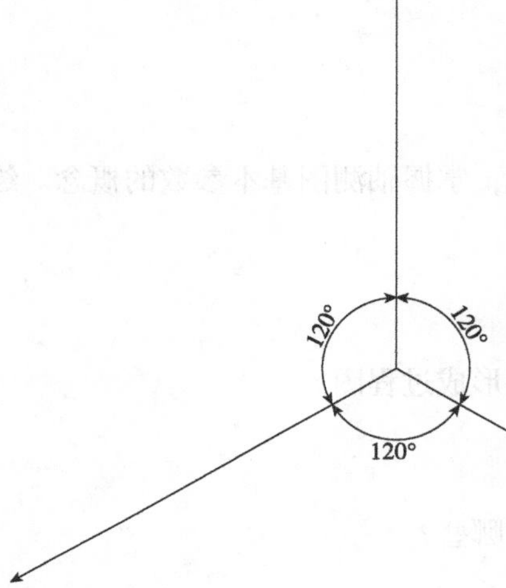
	边长为 l 的正方形的轴测图	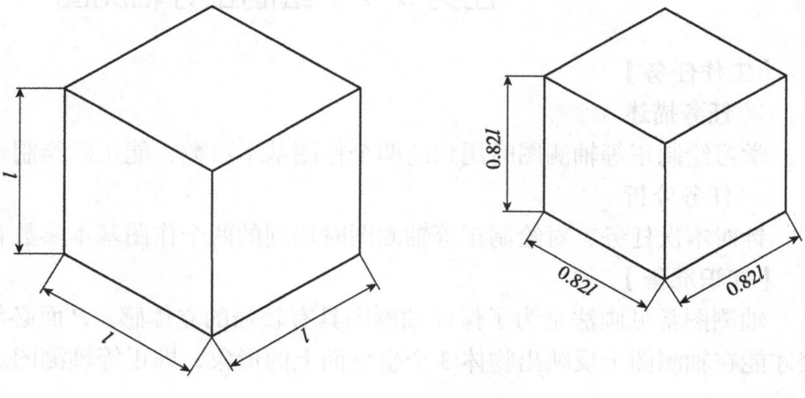

2. 平面立体的正等轴测图

（1）坐标法

先在视图上选定一个合适的直角坐标系作为度量基准，然后根据物体上每一点的坐标，定出它的轴测投影，并依次连接所得各点，得到形体的轴测图，这种画法称为坐标法。它是一种最基础的方法，也是其他各种画法的基础。

　　画出正六棱柱的正等测图。如图 3-3 所示，首先进行形体分析，将直角坐标系原点放在顶面中心位置，并确定坐标轴；再作轴测轴，并在其上采用坐标量取的方法，得到顶面各点的轴测投影；接着从顶面各点沿 Z 轴向下量取高度 h，得到底面上的对应点；分别连接各点，用粗实线画出物体的可见轮廓，擦去不可见部分，得到六棱柱的正等轴测图。

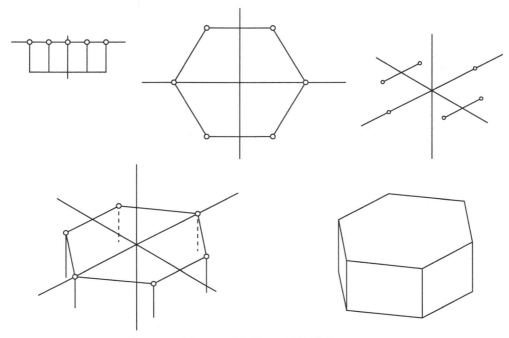

图 3-3　坐标法画正等轴测图

　　为了使画出的图形明显可见，通常不画出物体的不可见轮廓，上例中坐标系原点放在正六棱柱顶面有利于沿 Z 轴方向自上而下量取棱柱高度 h，避免画出多余作图线，使作图简化。

　　（2）切割法

　　切割法又称方箱法，适用于画出由长方体切割而成的轴测图，它是以坐标法为基础，先用坐标法画出完整的长方体，然后按形体分析的方法逐块切去多余的部分。切割法不仅适用于长方体切割，还适用于其他基本立体图形。

　　例：画出如图 3-4 所示三视图的正等轴测图。

　　首先根据尺寸画出完整的长方体；再用切割法切去左上角的三棱柱、右前方的梯形台；擦去作图线，描深可见部分即得到所要的正等轴测图。

　　（3）叠加法

　　叠加法是将物体分成几个简单的组成部分，再将各部分的轴测图按照他们之间的相对位置叠加起来，并画出各表面之间的连接关系，最终得到物体轴测图的方法。制图时要注意保持各基本体的相对位置。制图的顺序一般是先大后小。

　　例：画出如图 3-5 所示三视图的正等轴测图。

　　先用形体分析法将物体分解成 3 个部分；再分别画出各部分的轴测投影，擦去作图线，描深后即得到物体的正等轴测图。

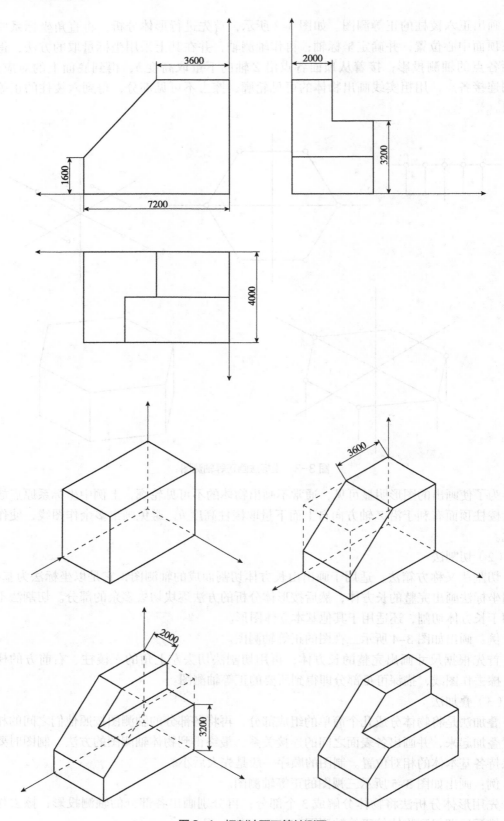

图 3-4　切割法画正等轴测图

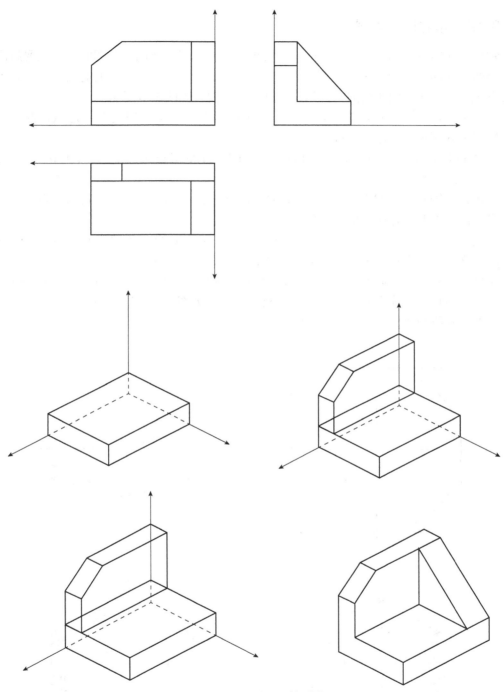

图 3-5 叠加法画正等测图

切割法和叠加法都是根据形体分析法（即从表达特征明显的主视图入手，通过封闭的线框进行分析，将组合体分解为若干个基本形体，逐个想象出各部分形状，最后综合起来，想象出组合体的整体形状）得来的，在绘制复杂零件的轴测图时，常常综合使用，即根据物体的形状特征，决定物体上某些部分需要用叠加法画出，某些部分需要用切割法画出。

3. 回转体的正等轴测图

常见的回转体有圆柱、圆锥、圆球、圆台等。在作回转体的轴测图时，首先要解决圆的轴测图画法问题。圆的正等轴测图是椭圆，3 个坐标面或其平行面上的圆的正等轴测图是大小相等、形状相同的椭圆，只是长短轴方向不同，如图 3-6 所示。

在实际作图时，一般不要求准确地画出椭圆曲线，经常采用菱形法近似作椭圆的方法，如图 3-6 所示，其作图过程如下：

①通过圆心 O 作坐标轴 OX 和 OY，再作圆的外切正方形，切点为 a、b、c、d，如图 3-6（a）所示。

②作轴测轴 O_1X_1、O_1Y_1，从点 O_1 沿轴向量取切点 a_1、b_1、c_1、d_1，过这 4 点作轴测的平行线，得到菱形，并作菱形的对角线，如图 3-6（b）所示。

③过 a_1、b_1、c_1、d_1 各点作菱形各边的垂线，在菱形的对角线上得到 4 个交点 O_2、O_3、O_4、O_5，这 4 个点就是 4 段圆弧的中心，如图 3-6（c）所示。

④分别以 O_2、O_3 为圆心，O_2a_1、O_3c_1 为半径画圆弧 a_1d_1、c_1b_1；再以 O_4、O_5 为圆心，O_4a_1、O_5c_1 为半径画圆弧 a_1b_1、c_1d_1，即得近似椭圆，如图 3-6（d）所示。

⑤加深 4 段圆弧，完成全图，如图 3-6（d）所示。

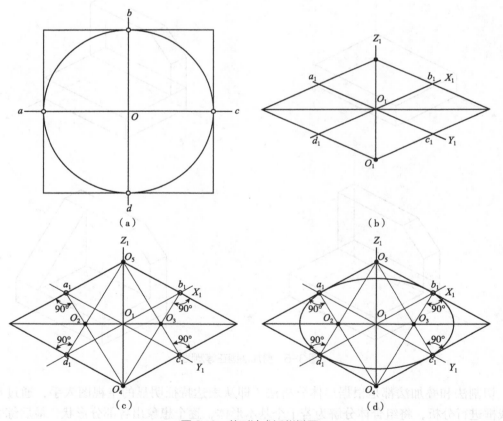

（a）　　　　　　　　　　　　（b）

（c）　　　　　　　　　　　　（d）

图 3-6　菱形法求近似椭圆

绘制圆柱体的正等轴测图，在此基础上加高度即可完成，请学习者自行研究。效果如图 3-7 所示。

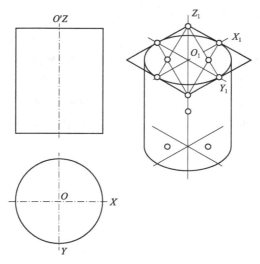

图 3-7　圆柱体的正等轴测图

【任务实施】

1. 任务说明

熟悉正等轴测图的轴间角和轴向伸缩系数的应用，正等轴测图的画法。此任务要求完成两张 A4 作品。

2. 任务准备

准备制图工具、图纸等。

3. 任务操作

将指定立体三视图绘制成正等轴测图。先绘制正等轴测图的坐标轴，再结合三视图进行形体分析，采用坐标法、切割法或叠加法绘制图形。

【巩固训练】

1. 正等轴测图的轴间角各是多少度？

2. 正等轴测图的各轴向伸缩系数是多少？

正等轴
测图画法

任务 3-3　绘制正面斜二轴测图

【工作任务】

>>任务描述

认识绘制正面斜二轴测图时用到的两个作图基本参数，能正确绘制正面斜二轴测图。

>>任务分析

针对本次任务，对绘制正面斜二轴测图时用到的两个作图基本参数有更深刻的认识。

【知识准备】

当投射方向 S 倾斜于轴测投影面 P，且两个坐标轴的轴向变形系数相等时，所得到的投影图是斜二轴测投影图，简称斜二测。其中，当 $p=q \neq r$ 时，坐标面 XOY 平行于投影面 P，得到的是水平斜二轴测图；当 $p=r \neq q$ 时，坐标面 XOZ 平行于投影面 P，得到的是正面斜二轴测图。

1. 斜二轴测图的轴间角和轴向伸缩系数

当某坐标面平行于投影面 P 时，根据显实性，该坐标面的两轴投影仍然垂直，且两个坐标轴的轴向变形系数恒为 1。作图时，水平斜二测的轴间角和轴向变形系数常用值如图 3-8 所示，一般取 OZ 轴为铅垂方向，OX 轴和 OY 轴垂直，且 OX 与水平线成 30°、45° 或 60°，为简化作图，常取 $r=1$，即 $p=q=r=1$。正面斜二测的轴间角和轴向变形系数常用值如图 3-8 所示，一般也取 OZ 轴为铅垂方向，OX 轴和 OZ 轴垂直，且 OY 与水平线成 45°，为简化作图，常取 $q=0.5$，即 $p=r=1$，$q=0.5$。

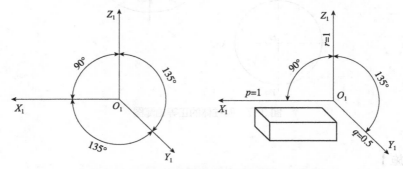

图 3-8　正面斜二轴测图轴间角和轴向伸缩系数

2. 正面斜二轴测图的画法

从投影图中可分析出，此立体结构中有拱形造型，用正等轴测图画法过程复杂，此案例用正面斜二轴测图画法，简便直观，作图高效，如图 3-9 所示。

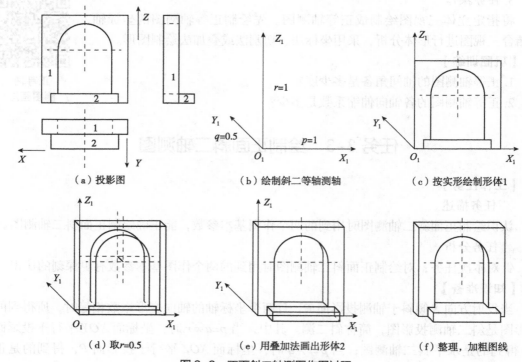

（a）投影图　　　（b）绘制斜二等轴测轴　　　（c）按实形绘制形体1

（d）取 $r=0.5$　　　（e）用叠加法画出形体2　　　（f）整理，加粗图线

图 3-9　正面斜二轴测图作图过程

【任务实施】

1. 任务说明

熟悉正面斜二轴测图的轴间角和轴向伸缩系数的应用，正确绘制正面斜二轴测图画法。此任务要求完成两张 A4 作品。

2. 任务准备

准备制图工具、图纸等。

3. 任务操作

根据指定立体三视图绘制正面斜二轴测图。先绘制正面斜二轴测图的坐标轴；再结合三视图，绘制立体的正面斜二轴测图。

正面斜二轴
测图画法

【巩固训练】

1. 正面斜二轴测图的轴间角各是多少度？

2. 正面斜二轴测图的各轴向伸缩系数是多少？

项目四 家具图样表达方法

【学习目标】

》知识目标

了解家具视图的规定画法和家具局部剖视详图的画法，熟悉家具连接结构（榫结合、连接件接合、螺纹连接等）画法，理解剖视图的形成原理、剖视图的标注方式、家具剖视图的种类。

》技能目标

能正确绘制家具图样。

》素质目标

培养学生探索未知、追求真理、勇攀科学高峰的责任感和使命感，激发学生科技报国的爱国情怀和使命担当。

为适应设计、制造和检验，用图形来正确表达家具，包括家具中的零部件、家具外观造型及零件间的连接结构，都需要正确的家具图样表达。家具图样首先要明确所画图样的功能，以及采用各种表达方法绘制图样。外观造型只需画外形视图，而外形视图要画多少个，还要根据具体家具的复杂情况来定。要表达家具内部结构，就需要用剖视图的方法表达。

任务 4-1　认识家具视图

【工作任务】

》任务描述

学习家具视图的规定画法，更高效地进行操作。

》任务分析

在实际家具工程图中，为了准确地表达形体的形状和大小，通常采用三面正投影图。三面正投影是家具的基本视图画法，家具主视图的选择与视图数量的确定是关键。

【知识准备】

1. 家具视图的名称和位置

用正投影方法按照 3 个投影方向得到 3 个视图，即主视图、俯视图和左视图。这 3 个视图是应用最多的，但为了满足不同的需求，制图标准还提供了与前 3 个投影方向 ABC 相对的另外 3 个投影方向 DEF，由此又得到 3 个视图。在同一张图纸上，6 个视图的位置不能随便移动，应按照顺序要求放置，且保持长对正、高平齐、宽相等的投影规律，如图 4-1 所示。

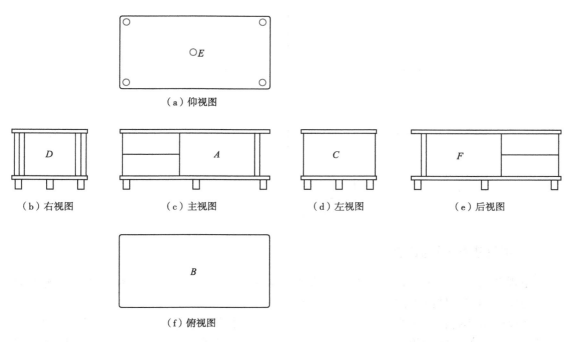

图4-1　6个基本视图及其排版

　　其中，各视图的名称分别是：*A*——主视图，*B*——俯视图，*C*——左视图，*D*——右视图，*E*——仰视图，*F*——后视图。这6个表达物体外形的视图称为基本视图。物体与6个投影面的关系和投影面的展开如图4-2、图4-3所示。6个基本视图原则上应按照图4-1中所示的位置布置，视图不用标注名称。但是因需要而使基本视图的位置变化，或者视图不在同一张图纸上时，除主视图外均要在图形上方写明视图名称。

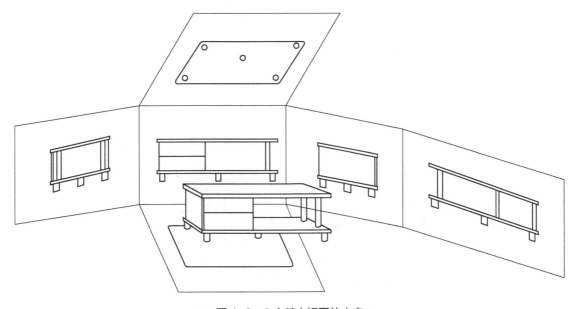

图4-2　6个基本视图的由来

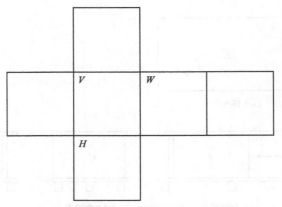

图4-3   6个基本视图投影面展开

2. 家具主视图的选择

主视图的选择要考虑便于使看图者清楚物体的形状特点，另外还要便于加工，避免加工时为使图形与工件的方向一致而颠倒图纸看图。

能反映形体特征是主视图最主要的选择原则。对物体来说，常常是以正面作为主视图的投影方向，如建筑物等。但物体多种多样，物体的正面有时候不一定能够反映该物体的形体特征，如飞机、火车、汽车等运输工具。家具中也有一部分产品的正面不适合作主视图，最为突出的是椅子、茶几等家具，常把侧面作为主视图的方向，再配以其他视图以全面完整地表达各部分结构及形状。这一类例子在家具中不是个例，所以在绘制家具视图时要注意选择反映形体特征面，而不一定要以家具的正面作为主视图。如图4-4所示的椅子，如图4-5所示的床，均是以其侧面作为主视图。

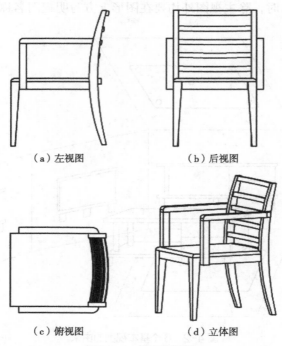

（a）左视图   （b）后视图

（c）俯视图   （d）立体图

图4-4   椅子三视图

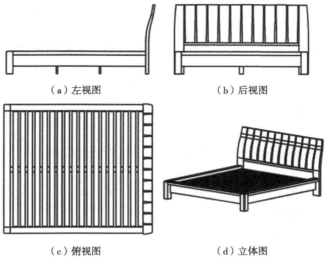

（a）左视图　　　　　　（b）后视图

（c）俯视图　　　　　　（d）立体图

图 4-5　床三视图

3. 家具视图数量的确定

表现一件家具或其中某一部件，应该画几个视图取决于家具本身的复杂程度。原则是要无遗漏地表达清楚形体的方方面面，另外要便于看图和画图，避免重复表达。从这个角度来说，视图的数量是以家具的复杂程度来确定的，如图 4-6 所示的抽屉面板通孔，依靠直径、厚度或深度等尺寸标注，仅用一个视图就表达清楚了，简单清晰。而有的家具用 3 个基本视图表达还不够，如图 4-7 所示柜体的正立面和背立面就需要增加视图来表示。

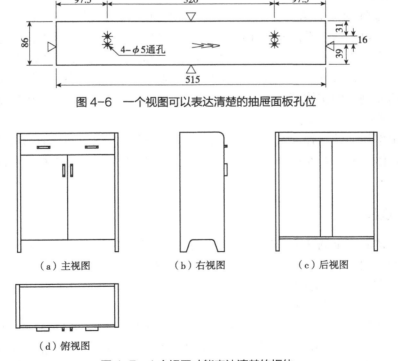

图 4-6　一个视图可以表达清楚的抽屉面板孔位

（a）主视图　　　　　（b）右视图　　　　　（c）后视图

（d）俯视图

图 4-7　4 个视图才能表达清楚的柜体

【任务实施】

1. 任务说明

熟练掌握家具视图的画法、家具主视图的正确选择、家具视图数量的确定。绘制指定家具视图。

2. 任务准备

准备绘图工具、图纸。

3. 任务操作

用绘图工具抄绘指定家具视图；选用一件家具进行视图绘制。

【巩固训练】

1. 如何确定家具视图的数量？

2. 如何确定家具主视图？

3. 家具视图的等量关系是怎样的？

任务4-2　绘制家具剖视图

【工作任务】

》》任务描述

熟悉剖视图的形成原理、剖视图的标注方式、家具剖视图的种类。

》》任务分析

针对本次任务，对剖视图的形成原理、剖视图的标注方式、家具剖视图的种类有更深刻的认识。

【知识准备】

如果家具零件内部的结构较复杂，则家具视图中会出现很多的虚线，这样不但影响图形的清晰度，也不便于看图及标注尺寸。要解决这个问题，在家具制图中常用剖视的方法。假想用一个正平面 A–A 剖开某一零件，将前面部分移开后画出的主视图即为剖视图。用两个字母 A 加上两段 5~10mm 长的粗实线表示剖切面的位置，在剖视图上方写剖视图图名 A–A，剖切面剖到的实体部分，需画剖面符号，用于区别没有被剖切到的部位，同时也可说明剖切材料的类别，如图 4–8 所示。

剖视图中剖切面的选择，绝大多数是平行面，以使剖视图中的剖面形状反映实形。对于回旋体等形体一般都要通过轴线，如图 4–9 所示。图中箭头部分为初学者画剖视图时容易忽略的线条。

1. 全剖视图

用一个剖切面完全剖开家具后所得的剖视图称为全剖视图。剖切面一般为正平面、水平面和侧平面。图 4–10 为一框架的剖视图，俯视图为 A–A 全剖视图，由水平面的剖切平面剖切而得；左视图是用侧平面剖切而得的 B–B 全剖视图。图中被剖切的部分是木方材的横断面，用一对细实线对角线表示。

在装配图中需要注意两零件结合处的正确画法。如图 4–11 所示，抽屉的抽底板和抽面板是嵌槽结合，应当紧密无缝隙，在图上结合处的实线为两零件共有，不能特别加粗，更不能画成两条线。俯视图也是一样，如抽面板和抽旁板、屉旁板和屉后板的结合处都是如此。

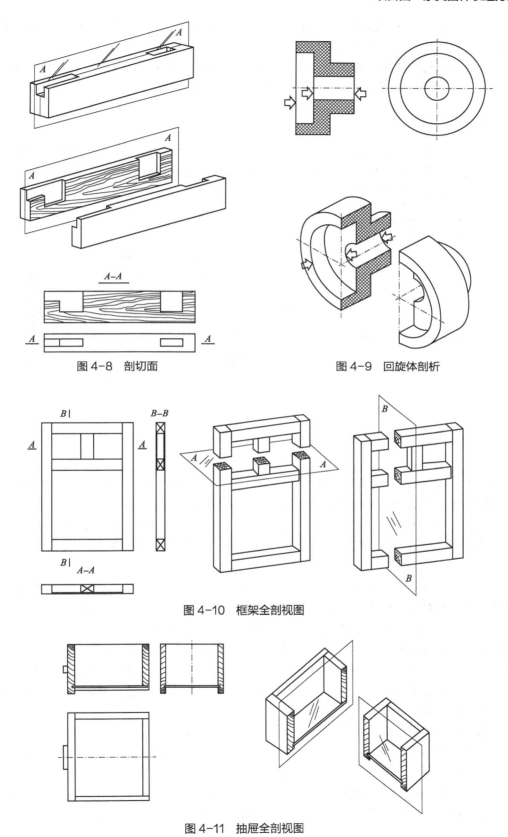

图 4-8　剖切面

图 4-9　回旋体剖析

图 4-10　框架全剖视图

图 4-11　抽屉全剖视图

剖切平面的选择要注意，一般对称的物体常将对称平面作为剖切平面，或按照需要表达的部分选择其位置，最好不要与物体的表面相切。

当剖切面与物体的对称面重合时，剖视图的标注可以省略；当剖切平面做相当距离的移动时，并不影响剖视图形，这时候也可以省略剖视图的标注。

2. 半剖视图

如果家具或其零部件有对称面，可以将其一半保留外形画成视图，而另一半画成剖视图。通过一个视图既可以表现家具或零部件的外形，也可以表现结构，中间以对称中心线（点画线）为界，这就是常用的半剖视图，如图4-12所示。

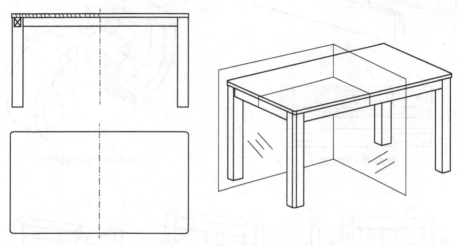

图4-12　餐桌半剖视图

图4-12中的主视图采用了半剖，俯视图采用了基本视图，既清楚地表达了脚架与各架腿的关系，也清楚地表达了脚架、架腿与横拉条的关系。

显然，半剖视图利用所画对象的对称性，既能反映物体内部的形状结构，也画出了物体的外形，节省了视图，同时也便于看图。但是在画半剖视图时我们须注意以下几点：

①只有具有对称平面的机件，在垂直于对称平面的投影面上，才宜采用半剖视。如机件的形状接近对称，而不对称部分已另有视图表达，也可以采用半剖视图。

②半剖视图必须以对称中心线（细点画线）为界。如果作为分界线的细点画线刚好和轮廓线重合，则应避免使用。如图4-13所示，当在图示位置采用半剖视图后，其分界线恰好和内轮廓线重合，不满足分界线是细点画线的要求。在这种情况下，应避开这个方位而选择分界线与轮廓线不重合的方位进行剖切，或者采取局部剖视表达，并且用波浪线将内、外形状分开。

③半剖视图中的内部轮廓在半剖视图中不必再用虚线表示。

④由于半剖视图也是一种标准画法，并不意味着真的截去物体的一半或1/4，所以剖视和外形的分界线不能画成实线，一定要以点画线为界。

如图4-13所示方凳中的主视图、左视图都采用半剖视图，我们把它的剖切符号省略，是因为剖切平面位置十分清楚，不会造成误解。但是俯视图的半剖却是一种特殊情况，由于剖切平面的高低不同，剖视的结果也会不同，所以标注了剖切符号。根据需要，*A-A* 剖切平面是沿着凳面和脚架的接缝处剖切的，这是允许的。由于没有剖切到零件，所以在剖视图上就不需要画剖面符号了。

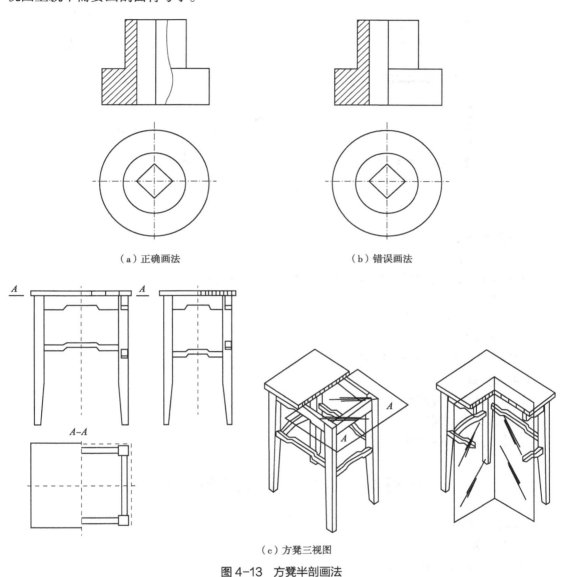

（a）正确画法　　　　　　　　　　　（b）错误画法

A-A

（c）方凳三视图

图 4-13　方凳半剖画法

3. 阶梯剖视图

用两个或多个相互平行的剖切平面把家具或零件剖开的方法，称为阶梯剖，所画出的剖视图，称为阶梯剖视图。

如图 4-14 所示，为了同时表达床头柜的上端柜体和下端抽屉的结构，图中用了两个不同高度的水平剖切平面，左边剖切上端柜体，右边剖切下端抽屉，中间用双折线作为界线。标注的方法是，两个平行剖切平面位置剖切符号都用同一字母 *A*，在转弯处也要画与之垂直的粗实线段。

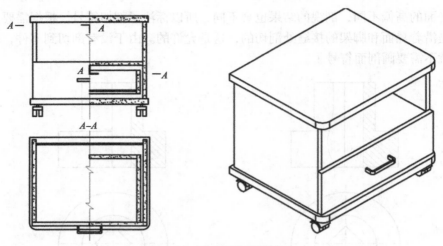

图 4-14　床头柜阶梯剖视图

【任务实施】

1. 任务说明

熟练掌握家具剖视图的基本画法，能够选择剖视的位置。

2. 任务准备

准备绘图工具、图纸。

3. 任务操作

用绘图工具图纸抄绘家具剖视图。

【巩固训练】

1. 什么是全剖视图？

2. 什么是半剖视图？

3. 什么是阶梯剖视图？

任务 4-3　绘制家具局部剖视详图

【工作任务】

≫任务描述

学习家具局部剖视详图的画法。

≫任务分析

针对本次任务，对家具局部剖视详图的画法有更深刻认识。

【知识准备】

1. 局部剖视详图

用剖切平面局部地剖开家具或其零部件所得的剖视图就是局部剖视图，也称为家具局部剖视详图。局部剖视是一种比较灵活的表达方法，剖切范围根据实际需要确定。但使用时考虑到看图方便，剖切不要过于零碎。另外，根据需要，还会对局部剖视部位进行放大绘制。它常用于下列两种情况：

①家具或其零部件有局部内形要表达，而又不必或不宜采用全剖视详图时。

②不对称家具需要同时表达其内、外形状时，宜采用局部剖视详图。

局部剖视详图中的剖视部分与未剖视部分的分界以波浪线的形式表示，但是需要注意：

a.波浪线不能超出图形轮廓线；

b.波浪线不能穿孔而过，如遇到孔、槽等结构，波浪线必须断开；

c.波浪线不能与图形中任何图线重合，也不能用其他线代替或画在其他线的延长线上。

如果把抽屉全剖视详图，则抽屉的外形就无法表达清楚了。又因为抽屉在这个方向的视图上下都不对称，也不能采用半剖视详图，所以只有用局部剖视详图来表达抽屉的完整结构，如图 4-15 所示。局部剖视与未剖视部分之间用比较随意的细线（波浪线）作为分界线，局部剖视详图在同一视图中不宜太多，如图 4-16 所示。

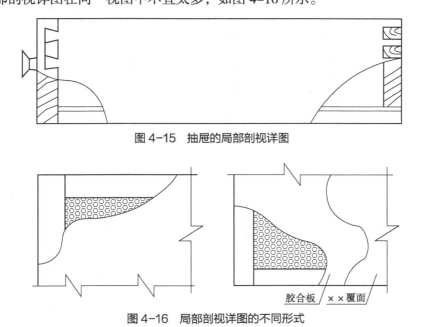

图 4-15　抽屉的局部剖视详图

图 4-16　局部剖视详图的不同形式

2. 局部剖视详图的表达

把基本视图中要详细表达的某些局部，用比基本视图大的比例，其余不需要详细表达的部分采用折断线断开，就是局部详图。如图 4-17 所示的梳妆台采用 1∶2 或 1∶1 的比例画出，3 个视图都画成了剖视图，由于梳妆台的外形比较简单，因此在三视图中并没有画出，而仅以透视外形作为参考。为了清晰明了地显示梳妆台的装配关系和结构关系，还绘制了 7 个局部剖视详图，如图 4-18 所示。

【任务实施】

1. 任务说明

熟悉家具局部剖视详图画法。绘图一张 A4 作品。

2. 任务准备

准备制图工具、图纸等。

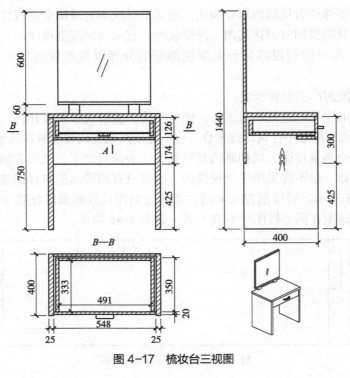

图 4-17　梳妆台三视图

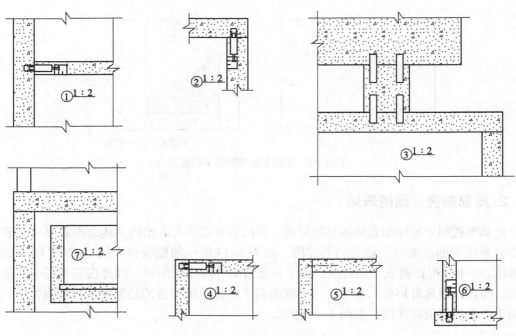

图 4-18　梳妆台的局部剖视详图

3. 任务操作

根据指定家具案例进行局部剖视详图绘制。先分析家具视图，再绘制局部剖视详图。

【巩固训练】

什么是家具局部剖视详图？

任务 4-4　绘制家具连接结构

【工作任务】

≫任务描述

学习家具连接结构（榫结合、连接件接合、螺纹链接等）画法。

≫任务分析

针对本次任务，对家具连接结构（榫结合、连接件接合、螺纹链接、剖面）画法有更深刻的认识。

【知识准备】

家具是由一定数量的零件、部件连接装配而成的。家具的连接方式有固定和可拆卸两种。其中固定连接方式有：胶结合、榫结合、铆接、圆钉结合、金属零件的焊接以及咬接等。可拆卸连接方式有：螺纹连接、木螺钉以及倒刺等。总之，什么样的家具采用什么样的连接方式和什么样的连接件，对于家具的造型、功能、结构以及家具的生产效率具有十分重要的意义。家具的结构设计对于提高家具的生产效率十分重要。根据不同家具的结构，采用相应的连接方式相配合，可以间接地提高家具的生产效率。

本书对一些常用连接方式的画法进行介绍。

1. 榫结合

实木家具一般都采用榫结合作为连接方式，家具中对榫结合的画法有特定的要求。

（1）榫结合的基本类型

榫结合是指榫头嵌入榫眼的一种连接方式。其中榫头可以是零件本身的一部分，也可以是单独制作的。如果是单独制作的，则两个零部件上面都需要打榫眼。榫结合的形式有很多，但是最基本的只有直角榫、燕尾榫以及圆棒榫 3 种，如图 4-19、图 4-20 所示。

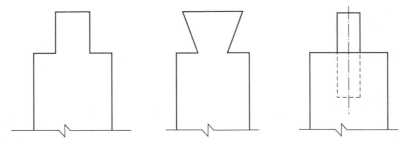

图 4-19　直角榫、燕尾榫、圆棒榫平面图

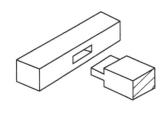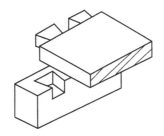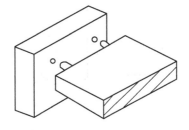

图 4-20　直角榫、燕尾榫、圆棒榫直观图

　　以直角榫为例，榫头的各部分名称如图 4-21 所示。家具中榫头的厚度 δ 一般有 6.5、8、9.5、12.5 等，常用的是 δ=9.5 的榫头。若零件较宽，如 $b \geqslant 45$，则需用双榫来代替单榫。一般处于外侧的榫肩尺寸 $a \geqslant 8$。榫头的长度 l 随不同的结合形式而变化，一般常取 15~35mm，而与之相配榫眼的深度应比榫头的长度深 2mm 左右，以保证榫肩处结合严密和积储多余的胶料。

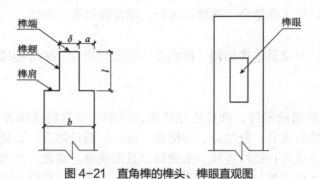

图 4-21　直角榫的榫头、榫眼直观图

（2）榫结合的基本画法

①榫头横断面的表示方法：榫头断面在剖视图和外形视图中均需涂成淡黑色来表示榫头的形状、类型和大小，图 4-22 为各种不同类型的榫头横断面的表示方式。当同一榫头有长有短时，则只涂长的端部。

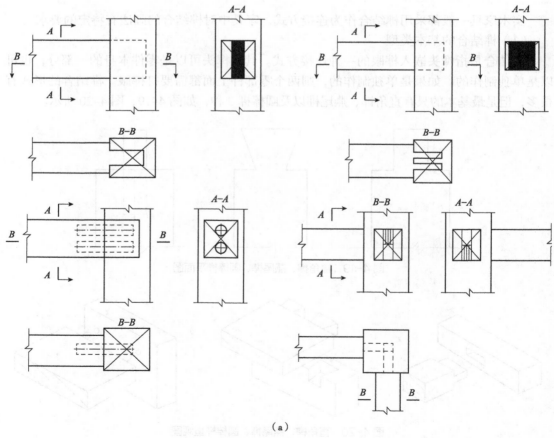

（a）

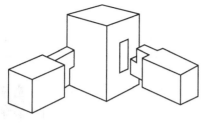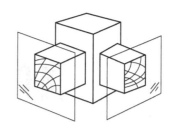

（b）

图4-22　榫头端面的几种画法

②榫头端面的表示方法除了涂成淡墨色外，还可以用一组3条以上的细实线来表示，且榫端的细实线应画成平行于长边的实线，如图4-23所示。

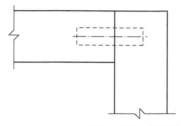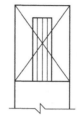

图4-23　榫头的端面画法

③无论是用涂色还是用细实线来表示榫头端面，为了保证图片的清晰度，木材的剖面符号应该尽可能用相交的细实线来表示，而不是用纹理来表示。

④对于可以拆装、连接定位用的木销，其横断面可以按照图4-24所示画法表示，以便与不可拆装的圆棒榫结合相区别。定位用的木销符号为两条相互垂直的细实线，与被结合零件的主要轮廓线呈45°。而圆棒榫则按照上述榫结合的规定画法画3条以上的细实线表示。

⑤圆棒榫的结构有多种，图4-25是3种常见的圆棒榫，圆棒榫除了有表面为光面的以外，还有刻着直纹沟槽以及螺旋线沟槽的。其中圆棒榫的直径一般有6、8、10、12等，长度一般有20、25、30、35、40、50等。

⑥当零件较宽时，如$b \geq 45$，则需用双榫来代替单榫，如图4-26所示。如果榫头的宽度大于40，则应从榫头的中间锯掉一部分，使其分为两个榫头，如图4-27所示。

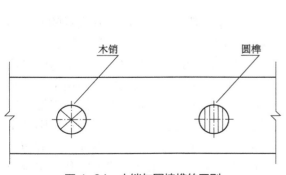

图4-24　木销与圆棒榫的区别

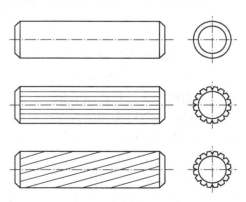

图4-25　三种常见的圆棒榫

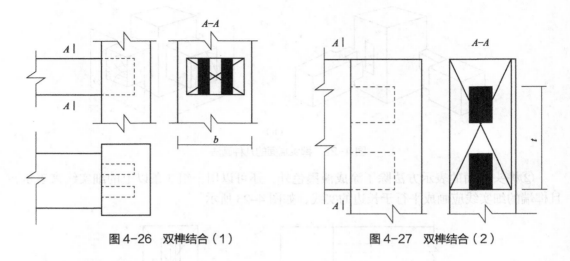

图 4-26　双榫结合（1）　　　　　　　　　图 4-27　双榫结合（2）

2. 连接件接合

（1）连接件结合结构在基本视图上的表现方式

家具制图标准中规定，在基本视图中木螺钉、螺栓、圆钉等连接件一般用细实线表示其位置，如图 4-28 所示。必要时还需加上连接件的名称、数量、规格，如图 4-28 中的 8- 螺钉 4×30 GB 100—76，即 8 个规格为 4×30（直径 × 长度）的沉头螺钉。

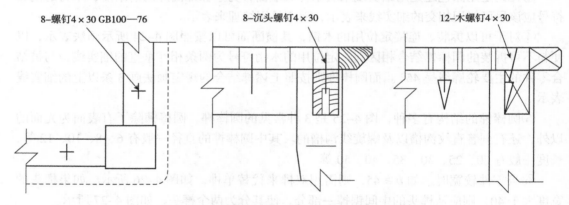

图 4-28　连接件结合结构在基本视图上的表现方式

（2）常用连接件局部详图的表达

在局部详图或比例较大的图形中，用木螺钉、圆钉、螺栓等连接时，其表示的方法如图 4-29 所示。其中图 4-29（a）为螺栓连接，图中粗虚线表示螺杆，而左侧与之垂直的粗短线为螺栓头，粗虚线右侧的长短两粗短线分别为垫圈和螺母；图 4-29（b）为圆钉连接，能够看到圆钉头部的视图须画成十字交叉线，中间加一个圆黑点，反之则用十字交叉细实线；图 4-29（c）为木螺钉连接，图中 45° 相交的两条粗实线为钉头，钉身用带有螺纹的粗虚线表示。能够看到木螺钉头部的视图用粗实线十字表示。相反方向的投影则将粗实线十字旋转 45°，而用细实线十字表示与主要轮廓线平行方向，以及作为标注螺钉的定位尺寸。在基本视图上如果要表示这些连接件或位置，可以一律用细实线十字和细实线表示，必要时再用引出线加文字注明连接件的数量和名称。

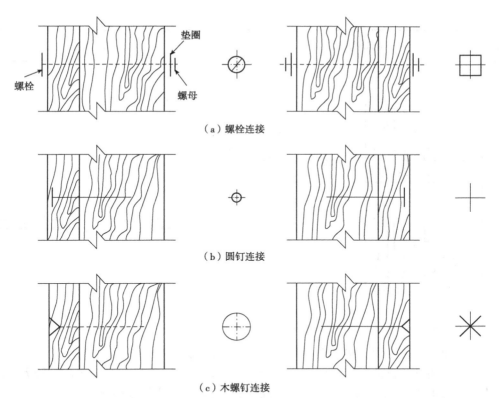

（a）螺栓连接

（b）圆钉连接

（c）木螺钉连接

图 4-29　常用连接件局部详图的表达方式

（3）复杂连接件的简化画法

对于相对复杂的连接件，如杯状暗铰链，可以按照其外形采用简化画法。见表 4-1 中所列，类型 A 表示门板盖旁板（外包门）的直臂杯状暗铰链的画法；类型 B 表示旁板盖门板（内嵌门）的大弯臂杯状暗铰链的简化画法。

表 4-1　杯状暗铰链表示方法

类型	局部详图画法	基本视图画法
类型 A		

（续）

类型	局部详图画法	基本视图画法
类型B	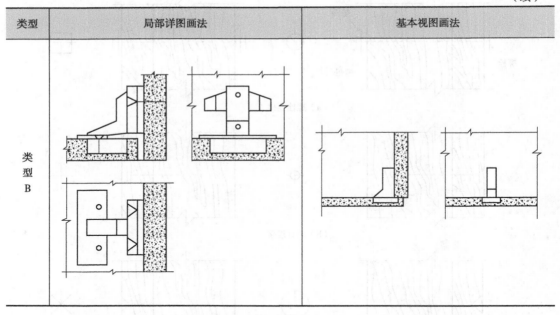	

（4）几种可拆装专用连接件在局部详图中的简化画法

一些可拆装以及自装配家具的专用连接件或连接方式，在局部详图或比例较大的图中则可以按照图4-30所示的简化画法，必要时须注明名称、代号及规格。

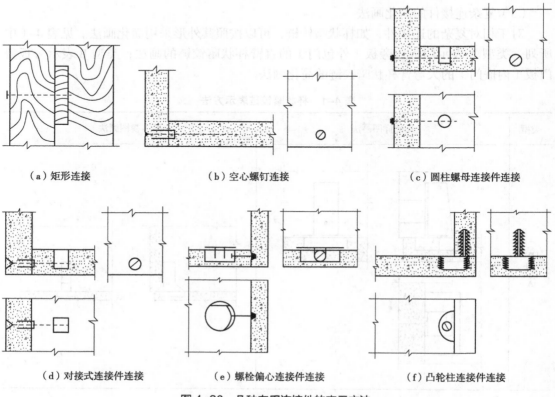

（a）矩形连接	（b）空心螺钉连接	（c）圆柱螺母连接件连接
（d）对接式连接件连接	（e）螺栓偏心连接件连接	（f）凸轮柱连接件连接

图4-30　几种专用连接件的表示方法

3. 螺纹连接

作为可拆连接的螺纹连接一直广泛运用于家具结构中，包括现代产品中出现的各种新的连接件也是离不开螺纹连接的。家具制图的标准中规定了螺纹连接的画法，作为家具设计师，必须了解螺纹的基本知识，以便绘制和识别螺纹图。

（1）螺纹连接件的基本知识

①螺纹的定义与种类：螺纹是指在圆（锥）表面上，沿着螺旋线所形成的、具有相同断面的连续凸起的沟槽。螺纹一般有内螺纹与外螺纹之分。在圆柱体的表面上形成的螺纹称为外螺纹，而在圆柱体内表面形成的螺纹称为内螺纹，如图 4-31 所示。

图 4-31 外螺纹（左）与内螺纹（右）

②螺纹的基本要素：螺纹牙型，就是在通过螺纹轴线的断面上螺纹的轮廓形状，常见的螺纹牙型有 3 种，即三角形螺纹、梯形螺纹、锯齿形螺纹，如图 4-32 所示。

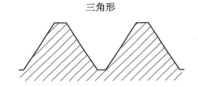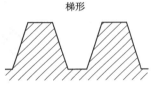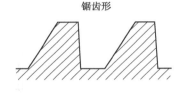

图 4-32 螺纹的牙型

③螺纹的大径与小径：

大径：与外螺纹牙顶或内螺纹牙底相切的假想圆柱面的直径，常用 D 或 d 表示。

小径：与外螺纹牙底或内螺纹牙顶相切的假想圆柱面的直径，常用 D_1 或 d_1 表示，如图 4-33 所示。

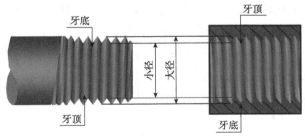

图 4-33 螺纹示意图

（2）螺纹的规定画法

①外螺纹的规定画法：

a. 外螺纹大径用粗实线表示，小径用细实线表示，刻有螺纹和没有刻螺纹部分的终止线用粗实线表示。在圆形视图上，大径用粗实线表示，小径则用细实线画成 3/4 的圆弧，螺纹的倒角圆省略不画。外螺纹一般都是画成外形视图，包括全剖视图。若螺纹中间是空心的（如管螺纹），才画成剖视状。

b. 小径的尺寸是由大径尺寸来决定的，它们之间的距离应该是牙型的高度。但是一般在画图时，为了保证图形的清晰度往往将大径和小径之间的距离画成 1mm 左右，如图 4-34 所示。

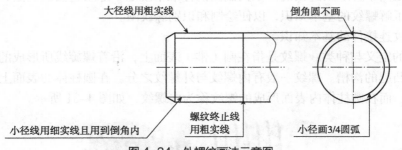

图 4-34　外螺纹画法示意图

②内螺纹的规定画法：

a. 内螺纹的画法一般是采取剖视图，这时大径用细实线表示，小径用粗实线表示。剖面符号要画到实线部分，不能留空。在圆形视图上，小径用粗实线表示，大径用细实线画成 3/4 的圆弧，如图 4-35 所示。

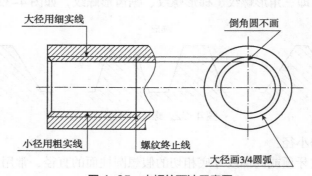

图 4-35　内螺纹画法示意图

b. 画不通孔内螺纹时，一般先用钻头钻一个光孔，其端部由于钻头的原因必然呈现圆锥状，画图时为了简化作图一律把圆锥状画成 120° 角。锥状部分不计入光孔深度尺寸。其中螺纹终止线同样用实线表示，如图 4-36 所示。

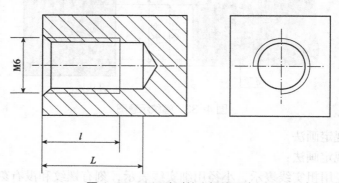

图 4-36　不通孔时的内螺纹画法

c. 螺纹的尺寸标注包含很多内容，在这里我们仅仅提出前面两项。如图 4-36 所示，M6 中的 M 是指粗牙普通螺纹，牙型为三角形的连接螺纹。其中 l 表示光孔深，l 表示螺孔深。6 是大径的公称直径。若所画的螺纹是细牙螺纹，则要在 M6 后写上具体的螺距大小，如 M6×0.75，其中 0.75 就是细牙螺纹的螺距。

③内外螺纹的旋合画法：内外螺纹的旋合画法中，主视图一般采用全剖视图。但是外螺纹的画法依然规定以外形的视图形式出现。主视图上内外螺纹大径、小径的粗细是不一样的，但是由于尺寸一致，所以处在同一条直线上。主视图中的剖面线应画到实线部分，如图 4-37 所示。其中左视图是 A-A 剖视图，其画法也是按照外螺纹的大径画实线圆，小径则用细实线画成 3/4 的圆弧。但是需要注意的是在这个视图上，外螺纹要画剖面线且剖面线的方向与内螺纹所在的零件的剖面方向不同，以此来区别内外螺纹。同一螺纹孔的零件无论画几个剖视图，其剖面线的方向与间距都应一致。

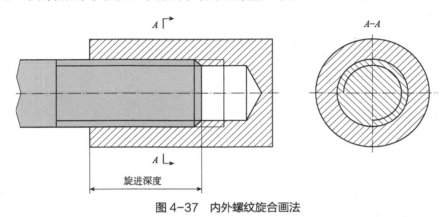

图 4-37　内外螺纹旋合画法

4. 剖面符号

当家具中零部件被画成剖视或剖面时，则假想被剖切到的实体部分，一般应画出剖面符号，以表示已被剖切的部分和零部件的材料。家具制图的标准对各种材料的剖面符号画法都做了详尽的规定，需要注意的是剖面符号用线（剖面线）均为细实线。图 4-38 列出了家具常用材料的剖面符号画法。

图 4-38（a）为木材方材的横断面。图中展示了 3 种画法，第一种为对角线画法；第二种为年轮状线；第三种为髓线状线，后两种都可以徒手画出。图 4-38（b）为板材（端面尺寸宽度大于厚度的 3 倍），被剖切时，其断面画法只能徒手画出。图 4-38（c）为木材的纵断面。当画纵剖面符号会影响图形清晰度时，允许省略剖面符号。图 4-38（d）是人造板中胶合板的剖面符号。图中无论胶合板的层数是多少层，都只画成 3 层，胶合板的层数用文字另外注明。图中的 3 种画法均可。细实线方向与主要轮廓线成 30° 倾斜。当在图形中因厚度很小无法再画出两条细实线时允许省略剖面符号。图 4-38（e）是覆面刨花板，中间为短横线加徒手点画出。图 4-38（f）为细木工板的横剖（上）和纵剖（下），横剖时每格大致接近方形，纵剖时矩形的比例大致为 1∶3。在基本视图上因为比例的关系，细木工板可画成如图 4-38（g）所示。图 4-38（h）为纤维板，全部用点表示。图 4-38（i）为金属，用与轮廓线成 45° 角的细实线表示。当金属表示在图上很薄时，如厚度在图形中等于或小于 2mm，则把剖面涂黑表示。图 4-38（j）是塑料、有机玻璃等，用 45° 倾斜的小方格表示。图 4-38（k）是软质填充料，用 45° 倾斜的小方格加一个小黑点表示。

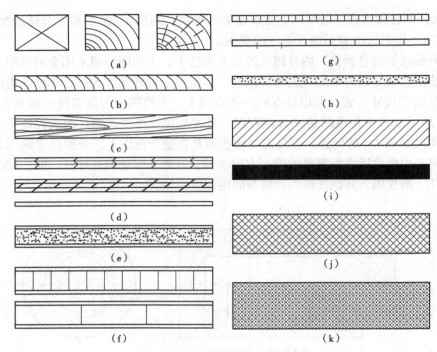

图 4-38   常用家具剖面符号画法

家具中有些材料如玻璃、镜子和网纱等一般未被剖切（外形）也要画上符号。图 4-39（a）为玻璃，是与轮廓线成 30° 角或 60° 角的 3 条细实线为一组组成。图 4-39（b）为镜子，由垂直于主要轮廓线的两条细实线为一组组成。图 4-39（c）为网纱，为两组小方格。图 4-39（d）为空心板，分为格子状和蜂窝状，下面是基本视图上的画法。除了这些常用的图例外，家具制图标准中还规定了如图 4-39（e）所示图例及示意画法，其中从左至右依次为编竹、藤织和弹簧。

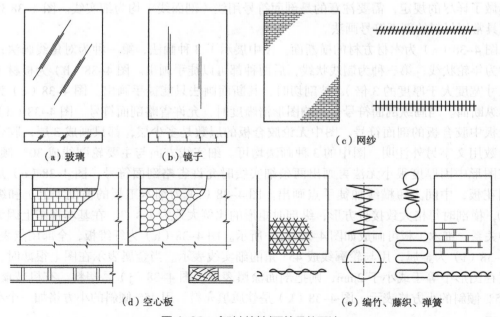

图 4-39   多种材料剖面符号的画法

当用剖面符号不能完全表达清楚材料的具体名称时，须附以文字说明。如软质材料麻布、泡沫塑料等，如图 4-40 所示。注意用细实线作为引出线引出分格标注材料名称，要按顺序逐一列出，一般由上到下、由左到右，必要时还需写出厚度，厚度常用希腊字母"δ"表示。当要画的剖面符号图形较长或者面积较大时，为了节省画图时间并使图形清晰，可以在两端只画出部分剖面符号以简化图形，如图 4-41 所示。

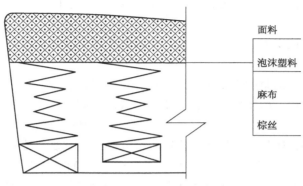

图 4-40　文字注明软质材料的方法

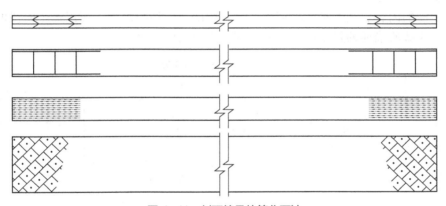

图 4-41　剖面符号的简化画法

【任务实施】

1. 任务说明

熟练掌握家具结构连接中榫结合、连接件接合、螺纹链接以及剖面的画法。此次任务绘制 4 张 A4 作品。

2. 任务准备

准备绘图工具、图纸。

3. 任务操作

用绘图工具及图纸抄绘指定家具结构连接图。

【巩固训练】

1. 榫结构有哪些形式？

2. 家具连接件有哪些形式？

3. 家具制图标准中基本视图的木螺钉、螺栓、圆钉等连接件一般如何表示其位置？

任务 4-5　绘制家具图样

【工作任务】

≫任务描述

学习家具设计图样的种类，能正确绘制家具设计与制造图。

≫任务分析

针对本次任务，认识家具设计图样的种类并能正确绘制家具设计与制造图。

【知识准备】

家具图样作为传递信息的重要工具，在现代家具设计、生产到验收甚至销售各个阶段都起着十分重要的作用。由于生产过程和生产方式的不同，对图样的内容、画法都需根据生产过程中的实际需要而定。作为指导生产、检验质量和核算成本等的重要依据，图样中除了要标明图形以外，还包括如尺寸、涂饰、精度等级等重要的技术要求。

在现代家具设计中包括新产品的设想、设计定位、草图构思、方案讨论、方案确定、方案优化与深入、生产文件绘制等基本步骤。每一个阶段都需要有相应的图形来记录与传递设计信息。

由于图样的内容、画法都需根据生产过程中的实际情况来定，所以每个阶段的图样是不同的。表 4-2 所描述的是生产一套家具或一件家具所需要的图样。

表 4-2　家具图样的种类

名　称	图　形	特　　点	用　途
设计草图	透视图 正视图	表达设计师初步设计想法的简图记录，以及设计产品的大致体态、形象	迅速反映设计师的构思
效果图	透视图	表达家具在环境中的效果，包括家具在环境中的布置、配景、光影以及色彩效果	提供家具使用时的预想情况
结构装配图	正投影图	全面表达整件家具的结构，包括每个零件的形状、尺寸以及它们之间的相互装配关系和制品的技术要求	施工用图的形式
部件装配图	正投影图	表达家具各部件间的相互装配关系及技术要求	与部件图联用构成施工用图的形式
部件图	正投影图	全面表达一个部件的结构，包括各个零件的形状、尺寸及装配关系，部件的技术要求	与部件装配图联用
零件图	正投影图	表达各个零件的形状、尺寸及技术要求	仅用于形状复杂的零件与金属配件
大样图	正投影图	以 1：1 的比例绘制的零件图、部件图或结构装配图	用于有复杂曲线的部件，加工时可直接量比
外形图	透视图	表达家具的外观形状	供设计方案研讨以及作为结构装配图的附图
安装图	透视图	表达家具安装时零件的装配位置及所使用的工具	指导用户自行安装

1. 家具设计图

（1）家具设计草图

设计草图是记录新产品构思阶段的设计构思图。

在设计一个新家具产品前常常要考虑很多的因素，例如市场需求、使用者的要求、环境、居室的功能、尺寸等。因此设计师在做一个产品设计前都需要进行一个设计前的调查研究阶段。设计师在构思新产品时通常先随手勾画草图。草图是一种草稿性质的简图，设计人员要能尽快将思维中想象的家具形象画到纸面上去，所以常忽略产品的尺寸、比例随手画出产品的大致外观形象。设计草图的形式因设计者的习惯不同而不同，也随需要而异。一般来说，常从整个室内环境的立体效果和功能需要出发，先画室内透视效果图、室内设计平面图，再画其中的家具透视图。当室内面积和布局等情况不确定时，只能依照当时一般资料来设计较通用的家具，市场上的成套家具一般都是这样设计的。但无论是从整个室内环境的立体效果和功能需要出发还是依照当时一般资料来设计较通用的家具，我们在设计时都需根据国家规定的功能尺寸标准来设计。

如图4-42所示的透视草图，其绘制的产品生动逼真、直观性强，能够很好地表现出新设计的家具制成后的大致体态和形象。一般的设计草图都要求较真实地反映家具的外部形状，包括成型面、拼花图案、雕刻、嵌线、烙花、外露配件等，能够较为全面地反映方案的整体效果。

透视草图能够较全面地反映方案的整体外观，但是却不能如实地反映产品的尺寸，所以在设计产品时除了绘制透视草图外，还需要补充平面视图。透视图画法将在项目五中具体介绍。

图4-42 透视草图的画法

家具设计草图中的视图一般采用徒手绘制，因此其中的长宽比例也只是初步的、大致的，主要考虑的因素是设计构思时提出的尺寸，如从功能上要求的尺寸，从造型上要求的尺寸，与环境配合上要求的尺寸等，这样便于从功能要求、造型艺术的角度审视设计方案。另外，视图还可以反映功能上对结构的要求，家具正面（侧面）的划分，如门、抽屉等的布置，它们的大小、数量和形式；家具倾斜部分的角度等，必要时加注文字说明。对于非透明材料做的家具门（如柜门），其家具内部的划分也要有所表示，以反映使用要求。而各零部件连接等具体结构，在设计草图中通常不用画出。对于强调艺术造型的家具，则需要有特殊装饰造型等的图案、曲线草图如图 4-43 所示。

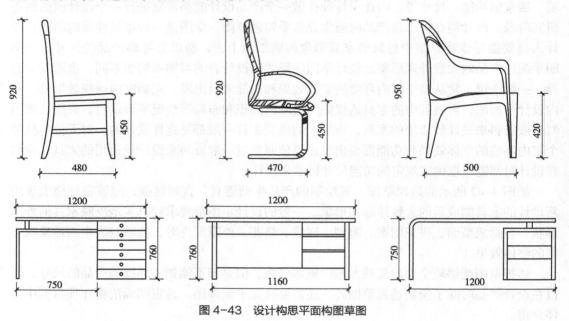

图 4-43　设计构思平面构图草图

（2）家具设计图

通过大量的草图筛选，确定最终设计方案并将设计草图转变为方案设计图是设计概念思维的进一步深化，是设计表现的关键环节。

①设计图的基本内容：

a. 一张设计图应该包括某件家具的 2~3 个基本视图以及 1~2 个透视图。基本视图的绘制主要是使得家具在视图方向上的形状比例有一定的直观性，且基本视图主要是画家具的外形。而透视图是为了进一步观察该家具的外观形象或者功能。因此设计图上的透视图往往是家具的实际尺寸缩小一定的比例后按照投影原理正确画出来的。但如果有单独的设计效果图，设计图上的透视图也可以省略，如图 4-44 所示。

b. 设计图上的尺寸主要包括家具的外形轮廓尺寸，一般称为整体尺寸或规格尺寸，如总深、总宽、总高；其次就是功能尺寸，即考虑到生产条件、零件标准尺寸等因素而定的实际尺寸。一般情况下总体尺寸和功能尺寸并不完全分开，往往某一总体尺寸同时也是功能尺寸，如梳妆台的总宽、总深、总高同时也是功能尺寸。最后还要注意某些主要的尺寸，这些尺寸往往影响产品功能或造型，如抽屉和门的尺寸大小等。同时应注意的是，设计图已经是正式的图样，应该按照制图标准图纸幅面选择图纸的大小，要画出图框标题栏等，并在责任签字栏里面签字，再送企业相关设计主管部门审核，如图 4-45 所示。通常一张图纸只画一个图框，一个图框内只能画一件家具产品的设计图。

c. 设计图上除了包括上述的图形、尺寸外，还应包括技术条件，如主要使用的材料、色泽、涂饰方法、表面质量要求等。

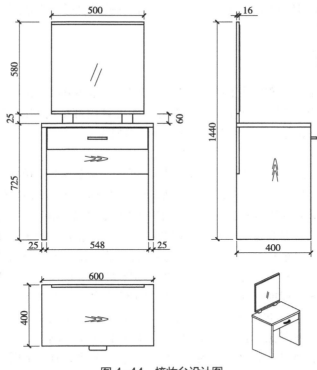

图4-44　梳妆台设计图

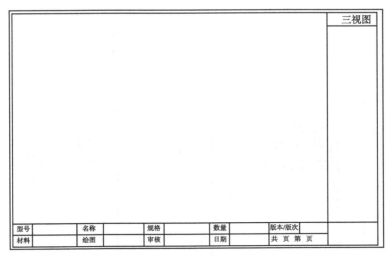

| 型号 | | 名称 | | 规格 | | 数量 | | 版本/版次 | |
| 材料 | | 绘图 | | 审核 | | 日期 | | 共 页 第 页 | |

图4-45　设计图图框

②设计图的识读要点：

a.看设计图之前首先要了解图名、比例、标题栏，认定该图所表示的是什么家具。

b.对设计图中的基本三视图及透视图进行了解，明确家具的主要形象及功能特点。

c.要注意区分总体尺寸和功能尺寸。在装饰尺寸中要能分清其中的定位尺寸和外形尺寸。

d.通过设计图中的文字说明，了解家具对材料规格、品种、色彩和工艺制作的要求，明确结构材料和饰面材料的衔接关系与固定方式，并结合面积做出材料计划和工艺流程计划。

e.设计图中各视图反映了家具的不同面，却保持投影关系，因此在读图时要注意将相同的构件或部件归类。

2.家具装配图

家具装配图是用来指导家具生产制造的重要图样。装配图的内容与画法随生产方式的不同而有差异。装配图也是在设计图的基础上，考虑其内部结构和制造方法画出来的。下面介绍两种装配图：结构装配图和装配（拆卸）立体图。

（1）结构装配图

家具结构装配图是指导家具生产的重要技术图样。家具装配图的内容根据家具类型与生产方式的不同而有所差异，是在设计图的基础上，根据加工与制造方式绘制而成的。

家具结构装配图是表达家具内部详细结构的图样，主要包括零件间的接合装配方式、一般零件的选料、零件尺寸的确定等。这种图在框式家具生产中使用得比较多。

结构装配图不仅用来指导已加工完成的零件、部件装配成整体家具，还指导一般零件、部件的配料和加工制造。常取代零件图和部件图，因此在生产过程中起着十分重要的作用。结构装配图不仅能够清楚表达家具的内部结构、装配关系，还能够清楚表达部分零件、部件形状，尺寸也比较详细。如图 4-46 所示的梳妆台，3 个视图都画成了剖视图，由于梳妆台的外形比较简单，因此在三视图中并没有画出，而仅以透视外形作为参考。为了清晰明了地显示梳妆台的装配关系和结构关系，还绘制了 7 个局部详图，如图 4-47 所示。

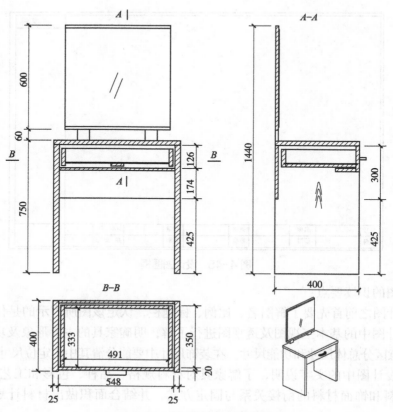

图 4-46　梳妆台的结构装配图

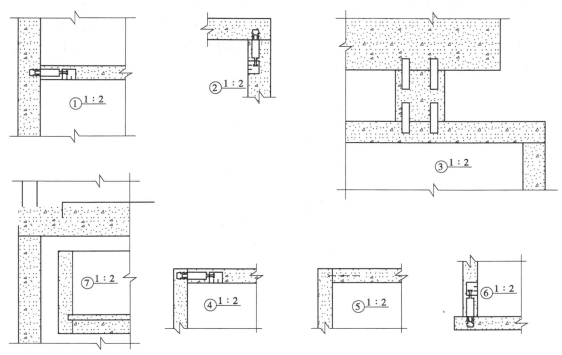

图 4-47　梳妆台的局部详图

结构装配图上的尺寸相对较多。除了总宽、总深、总高以外，一些加工、配料、装配时所需要标出的尺寸都应该标出来，或者可以根据已知的尺寸推算出来。但某些次要的尺寸则不需要全部标出来，需要时可直接在局部详图上量取。

除此之外，凡加工装配所要注意的技术条件也应注写在结构装配图上。与结构装配图配套的还有零部件的明细表，零部件的名称、材料、规格尺寸等，还包括连接件、涂料用量、品种等。较简单的家具明细表也可以直接画在标题栏上。

结构装配图的识图要点如下：

①对照设计图明确剖面的剖切位置和剖视方向。

②分清所有尺寸中哪些是家具主体结构的图形和尺寸，哪些是装饰结构的图形和尺寸。注意区分这些尺寸，以便进一步研究它们之间的衔接关系、衔接方式和尺寸。

③认真阅读图中的内容，明确家具各部位的结构关系与尺寸，明确材料要求与工艺要求。

④通常情况下，家具的结构和装饰形式变化多样，而为了表示家具的整体，图形比例缩小得也比较多，因此对于局部的结构和细节装饰还需要用局部详图来补充说明。所以在识图时要注意按照图示符号找出相对应的详图来仔细阅读，不断地对照，明确各个连接点的结构形式，细部的材料、尺寸和详细的做法。

⑤虽然局部详图表示的范围较小，但是牵扯面比较大，是具体的结构装配图。因此在识图时要做到切切实实、分毫不差，保证生产的准确性。

（2）装配（拆卸）立体图

在销售自装配家具时，为了方便顾客自行装配家具，常将家具的零部件以立体图的形式画出来，图中的家具更多画成拆卸状态。这种拆卸立体图以轴测图居多，因其绘制方便。但是对尺寸要求往往不是很严格，只要表达清楚零部件之间如何装配以及装配的相对位置就可以了，如图 4-48 所示。除了销售用图外，也有厂家的装配图是使用这种形式的。这种图的优点是立体感强，对工人的看图能力要求比较低；缺点是对于装配关系比较复杂的家具，这种立体拆卸图往往无法表达清楚。

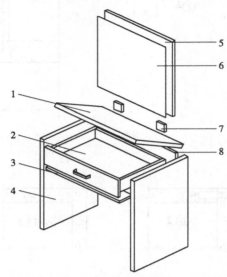

图 4-48　梳妆台的装配（拆卸）立体图

3. 部件图、零件图和大样图

（1）部件图

①常见家具如抽屉，各种旁板、脚架、门、顶板、面板、背板等都是部件。一般画了部件图，则组成该部件的零件就无须画零件图了。如图 4-49 所示是高柜的脚架部件图，从图中可以看出脚架由 6 个零件组成，其中主要底板上的正面、背面都有连接件的专用孔位，且都有尺寸注明了大小和位置。此外与连接件相配合的还有定位销的孔洞及其定位尺寸和规格尺寸。底板正面还有一条槽是用于镶嵌背板的。为了使部件能够与其他有关零件或部件正确顺利地装配成家具，部件上各部分结构不仅要画清楚，更重要的是有关连接装配的尺寸不能出现错误和遗漏。

②部件图的尺寸大致分为两类：一类是大小尺寸，如孔眼的直径、凹槽的宽深、总体的宽深高等，这类尺寸是决定形状的，所以也称定型尺寸；另一类是定位尺寸，如孔的位置尺寸，包括孔眼距离零件边缘基准的尺寸，孔与孔之间的距离尺寸等。部件图不仅形状尺寸要齐全，其他有关生产该部件的技术要求也都要在图样上注明。每个部件都要有单独的图框和标题栏。

（2）零件图

①家具中除了部件外就是作为单件出现的零件，零件是最小单元。零件可以分为两类：一类是直接构成家具的（如竖档、横档、腿脚、望板、挂衣棍等），以及组成部件的（如抽面板、屉旁板等）；另一类是各种连接件，如圆钉、木螺钉和各种专用连接件等。后一类零件一般都是选用市场上在售的标准件，只需按要求注明规格、型号、数量等进行选购就可以，在材料清单中注明即可，无特殊情况不用绘制图样。

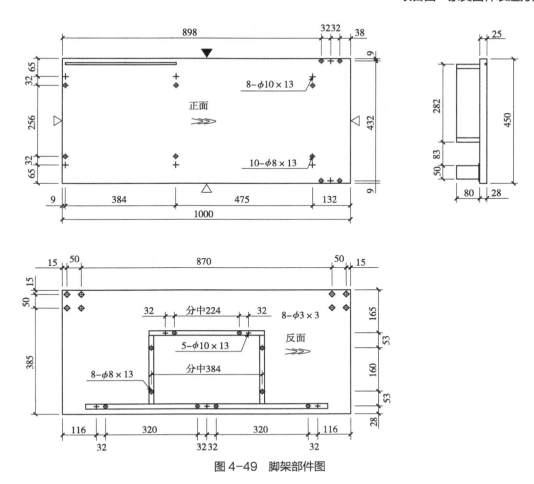

图4-49　脚架部件图

②如图4-50所示是梳妆台的侧板零件图。由于该侧板是由整块中密度纤维板做成的，没有其他附件装在上面，所以还是零件。从图上我们可以看出，该板的形状结构并不复杂，孔眼也不是很多，但是这些孔眼必须有大小尺寸和定位尺寸。对于在板件上孔眼尺寸比较小的，则仅需要用一个细实线的十字表示。孔眼的标注一般是用不带箭头的引出线依次注出数量、孔眼直径、钻孔的深度。如"4-ϕ8×23"表示4个直径为8、深度为23的孔。

③零件图上，对零件成品的技术要求在零件图上都必须注写清楚。零件图中的零件即使图形简单，尺寸不多，也应该一个零件用一个图框，选择标准图纸幅面，标题栏中应填写的栏目都应写全。

（3）大样图

①家具中某些零件有特殊的造型形状要求，在加工这些零件时常要根据样板或模板画线，常见的如一般的曲线零件，要根据图样进行放大，画成1∶1的原值比例，制作样板，这种图就是大样图。大样图也常先画成原值比例大小，以此图为准画线制作样板，然后再根据此图缩小比例进行资料保存。对于平面曲线，一般用坐标方格网线控制较简单方便，只要按照网格尺寸画好网格线，在网格线上取相应位置的点，由一系列点光滑连接成曲线，就可画出所需的曲线了，无论放大或缩小都一样。如果曲线中有圆弧，注出圆弧直径或半径尺寸则更加方便准确。

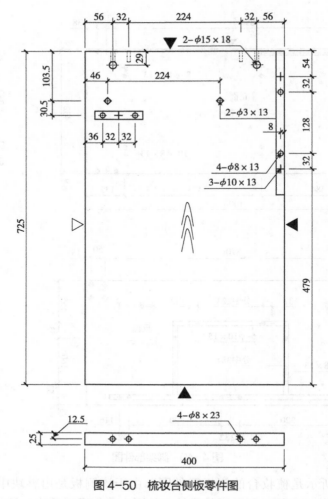

图4-50　梳妆台侧板零件图

②如图4-51所示为床屏的曲线大样图，由于是对称图形，图左边用点画线作界线，点画线上下都有两条平行细实线短线，这就是对称符号（线长6~10mm，平行线间距2mm左右）。由此可知这个图形仅是床屏的一半。网格图右下方一般注有网格的尺寸，如图4-51所示的50×50，单位都是毫米。图上注有必要的尺寸，如外形轮廓尺寸以及圆弧的半径、直径等。画原值比例图时要先按尺寸画出网格，在网格线上将曲线的点光滑连接就可以完成作图。

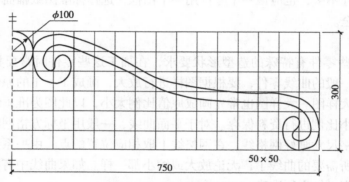

图4-51　床屏曲线大样图

【任务实施】

1. 任务说明

绘制一指定家具的图样。充分从需求的角度考虑选定要绘制的图样种类、数量。此任务应绘图 4 张 A4 作品。

2. 任务准备

准备制图工具、图纸等。

3. 任务操作

根据指定家具实物进行图样绘制。先绘制三视图，再结合三视图绘制立体的相关图样（装配图、零件图等）。

【巩固训练】

1. 家具图样的种类有哪些?

2. 零件图一定要画出三视图吗?

【学习目标】

>> 知识目标

了解视线法画透视图的方法，熟悉量点法画透视图的方法。

>> 技能目标

能运用透视图画法进行家具绘制。

>> 素质目标

学思结合、知行合一，增强学生勇于探索的创新精神、善于解决问题的实践能力。

1. 透视图的概念

"透视"一词源于拉丁文"perspclre"（看透）。最初研究透视是通过一块透明的平面去看景物的方法，将所见景物准确描画在这块平面上，即成该景物的透视图。家具是室内空间的重要组成部分，为了表达家具摆放的空间效果，效果图必须建立在缜密的空间透视关系基础上，对透视学知识的掌握是画好家具透视图的前提。

透视图的基本原则有两点。一是近大远小，离视点越近的物体越大，反之越小；二是不平行于画面的平行线其透视交于一点，透视学上称为消失点或者灭点。为了明确透视图的基本原理，必须先了解一些术语及其含义。

2. 透视图的主要术语及其含义

①基面 G ——相当于水平投影面，是物体所在的水平地面。

②画面 P ——垂直于基面 G 的平面，相当于正立投影面。

③基线 XX ——画面 P 与基面 G 的交线，相当于投影轴 X。

④视点 S ——透视投射中心，相当于人眼。

⑤站点 s ——视点 S 的水平投影，又称驻点。

⑥主点 s' ——视点 S 在画面 P 上的正投影，又称心点。

⑦视平线 HH ——通过 S 作一水平面与画面 P 相交的交线。

⑧视高——视点 S 与基面 G 的距离，在画面 P 上即视平线与基线 XX 之间的距离。

⑨视距——视点 S 与主点 s' 的距离，即 S 与 P 之间的距离。

⑩透视——视点 S 与空间点 A 相连，即视线 SA 与画面相交于点 $\bar{A}$，此点即空间 A 点的透视投影，简称透视。A 的水平投影 a 的透视称为 A 的次透视或基透视，如图 5-1 所示。

⑪视域范围——固定视野的所有视线集中在视点上形成的锥状范围。锥的界面是一个近似的椭圆形，视轴上方的最大角度为 45°，视轴下方的最大角度为 65°，视轴左右最大角度分别为 70°，如图 5-2 所示。

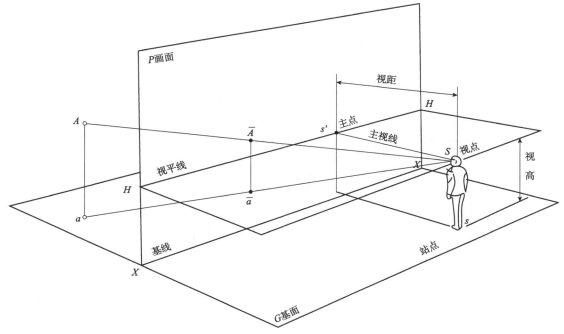

图 5-1 透视术语及场景示意图

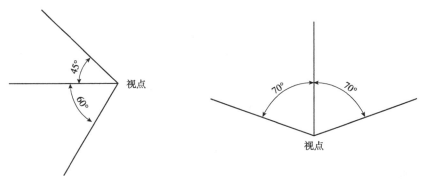

图 5-2 视域范围

⑫ 60° 视域范围——在视域范围内视觉清晰，画面上的物体形状透视变化正常；超过 60°，视觉不清晰、模糊，物体形状出现畸形变化。测点的确定与视距有关，测点距视中心近，物体透视缩减，显得不稳定；测点距视中心远，则感觉相对稳定。

透视图有 3 种类型：一点透视图（也称平行透视图），如图 5-3 所示；两点透视图（也称成角透视图），如图 5-4 所示；三点透视图，如图 5-5 所示。

3. 透视图绘制的基本规律

①长度相等的线段，距离画面越远，长度越短，即近长远短。

②空间间隔相等的线段，距离画面空间越远则越小，即近大远小。

③高度相等的线段，视平线以上越远则越低，视平线以下的越远则越高。两种情况到最远处均消失于消失点（也称灭点）。

④平行透视只有一个消失点，成角透视有两个消失点。

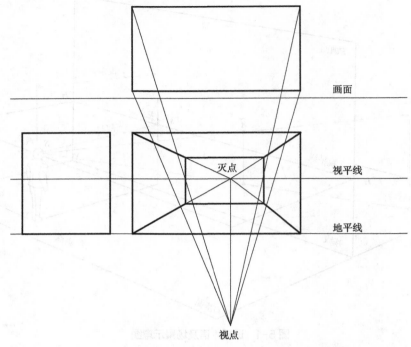

图 5-3   一点透视图

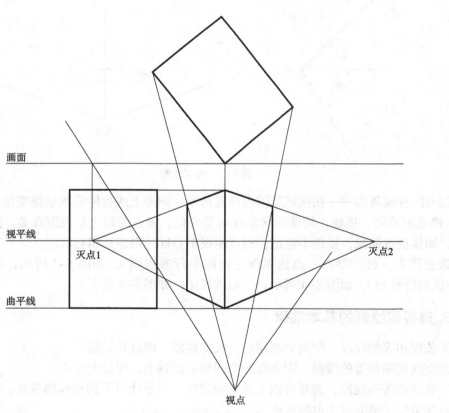

图 5-4   两点透视图

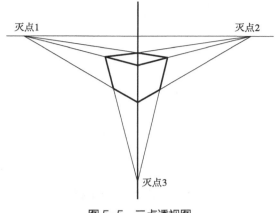

图 5-5　三点透视图

任务 5-1　视线法画透视图

【工作任务】

>>任务描述

学习视线法画透视图的方法。

>>任务分析

针对本次任务，对视线法画透视图的方法有更深刻的认识。

【知识准备】

1. 基本作图方法

设有一立体，如图 5-6 所示，已知视点位置，求其透视图。

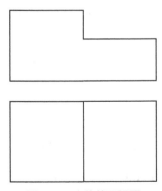

图 5-6　立体的两视图

　　首先将画面（上有 HH 和 XX 线）与基面（P 线两边）放在同一平面上，如图 5-7 所示。第一步先求其水平投影的透视图，即立体的次透视（因在基面上又称基透视）。方法是先求出两组平行直线的两个灭点 M_1、M_2，如图 5-7（a）所示，然后利用灭点连线作出两条直线的全长透视。分别求出基面上两条直线的透视，随即利用平行线交于同一灭点的原理，画出该立体的次透视，如图 5-7（b）所示。接着画高度，从紧贴画面的那条垂直棱线画起，因该棱线在画面上，故其透视高为原直线实际高度。接着仍然利用平行线

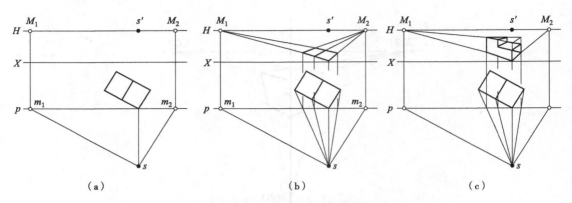

图5-7　用视线法画立体的透视图作图过程

交于同一灭点的原理，依次画出立体各水平棱线，如图5-7（c）所示，即完成该立体的透视图。

2. 基本应用作图举例

（1）已知两视图（主视图、俯视图）作透视图

①求灭点（M_1、M_2）。

②求特殊点（本例有1、2、3、4、5共5个点），如图5-8所示。

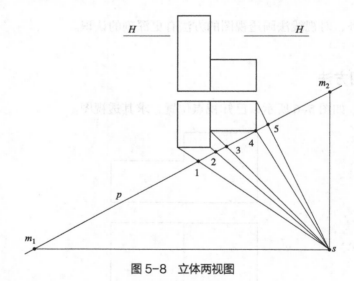

图5-8　立体两视图

③将所有点相等距离移到 HH 线上（本例有1、2、3、4、5、M_1、M_2共7个点，4点为作图起点）。

④作次透视图（即俯视图的透视图）。

⑤求真实高度。

⑥分析立体，完成透视图。

图5-9为作图过程，其中图5-9（a）为作次透视图，4点为作图起点，因其与基线 XX 贴近，因此此点也是求真实高度的起点；图5-9（b）为延长不与基线 XX 相交的透视线至基线 XX 上求真实高度；图5-9（c）为完成的透视图。

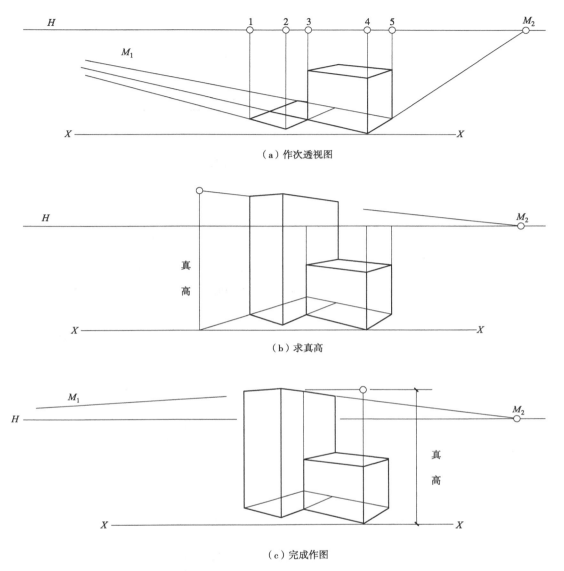

（a）作次透视图

（b）求真高

（c）完成作图

图 5-9 作图过程

（2）当画面在立体中间时作透视图

如图 5-10 所示，由于立体上部分较大，若按前面一样与画面接触，将只是上部分接触，下部分不接触画面，画透视图时就不方便。为此，可将画面与立体下面部分紧贴。作图过程如图 5-11 所示。真实高度分析如图 5-12 所示。

注意，在求特殊点的过程中，4 点、6 点、8 点均与基线 XX 相交，即 4 点、6 点、8 点处均可求真实高度。

（3）当画面在立体后面时（后面的棱线与画面相交）作透视图

如图 5-13 所示，找灭点和特例点的透视位置同前。这时要特别注意立体水平投影在画面前，在透视图上其次透视应在基线 XX 下方。要注意画线方向不要搞错。次透视画出后，画透视高度仍然是从反映真高开始，即从后面接触点 2 量高，向前引高度平行线画出立体透视，如图 5-14 所示。

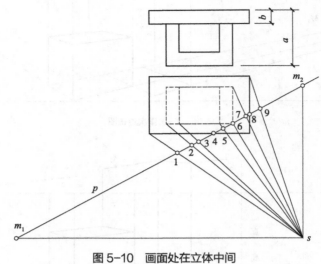

图 5-10 画面处在立体中间

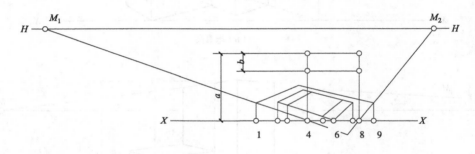

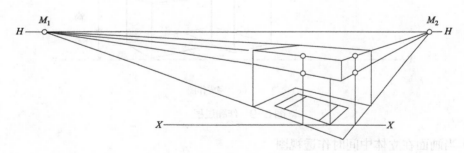

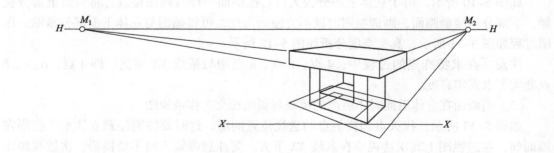

图 5-11 作图过程

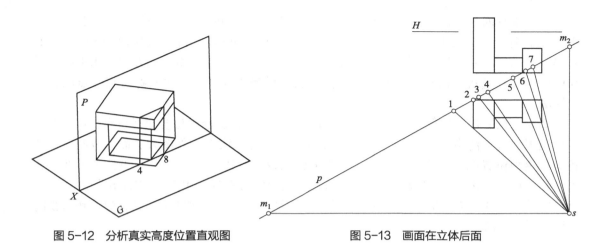

图 5-12　分析真实高度位置直观图　　　　　　图 5-13　画面在立体后面

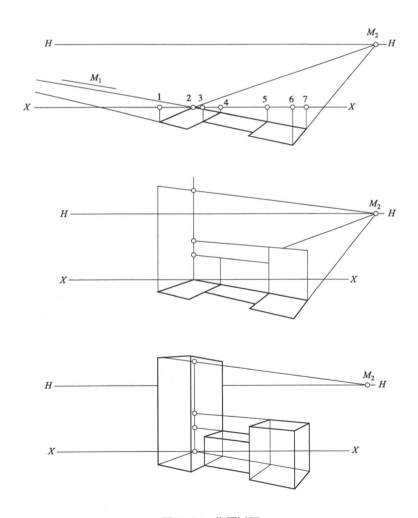

图 5-14　作图过程

（4）当画面与立体不接触时作透视图

①如果画面与立体完全不接触（这种情况在需要同时画几个立体时经常遇到），可将水平投影各线分别延长至与画面相交，也称为迹点，再作次透视，如图 5-15 中 1、2、3、4、5、6、7 点。这里一定要注意方向，与相应的灭点相连。由于此方法不用视线通过与画面相交作透视，而是直接利用两灭点和直线的迹点作透视，故又称迹点灭点法，或交线法。

②要注意的是：当视高相对于两灭点距离比较小时，次透视将会变得很扁，从而造成各点透视位置不清晰、不准确，图 5-16 中就用了降低基线 X 的作图方法而加以改善，使各交点透视位置准确。此方法是在 X 线下方任意设一基线 X_1，原 H 和灭点位置不变（相当于临时增大了视高），以 H 和 X_1 画次透视。从图中可看到，用 X_1 和 X 求出的次透视各点位置是一致的，当然最终画透视图还是依据原视高。画建筑物特别是高大建筑物透视时常用降低基线法。

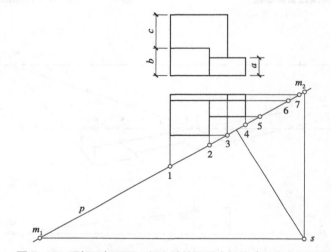

图 5-15　延长不与画面 p 相交的俯视图中的线（即求全长透视）

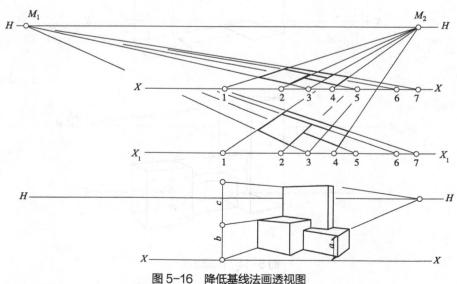

图 5-16　降低基线法画透视图

【任务实施】

1. 任务说明

绘制一指定立体，要充分分析结构，选定视角、视高、视距进行视线法透视图绘制。此任务要求绘制两张 A4 作品。

2. 任务准备

准备制图工具、图纸等。

3. 任务操作

根据指定立体实物进行透视图绘制。先分析立体，再绘制视平线、基线，然后按 6 个步骤进行透视图绘制。

【巩固训练】

1. 绘制家具透视图的目的是什么？

2. 视线法的 6 个步骤是什么？

视线迹点法

任务 5-2　量点法画透视图

【工作任务】

≫任务描述

学习量点法画透视图的方法。

≫任务分析

针对本次任务，对量点法画透视图的方法有更深刻的认识。

【知识准备】

量点法是透视图的一种简化画法，是在充分理解立体结构的基础上快速作图的方法，其透视图与视线法作图图形是一样的。作图过程如图 5-17、图 5-18 所示。现将作图步骤归纳如下：

①求灭点（M_1、M_2）（若为一点透视，即画面 p 与立体正面平行，则只有一个灭点）。

②求量点（L_1、L_2）（$M_1L_1=M_1S$、$M_2L_2=M_2S$）。

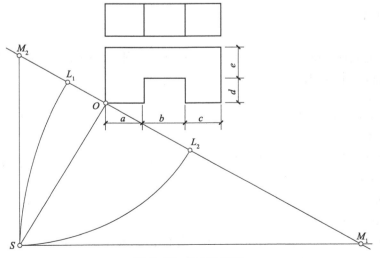

图 5-17　量点法作图

③将灭点、量点相等距离移到 HH 线上。

④作次透视图（即俯视图的透视图）（将实际长度放在其全长透视同一侧的基线 X 上，如图 5-18 中 a、b、c 长度放在全长透视 KM_1 同一侧的基线 X 上，通过 L_1 截取得其透视位置，d、e 长度放在全长透视 KM_2 同一侧的基线 X 上，通过 L_2 截取得其透视位置）。

⑤求真实高度（真实高度即与画面相交的立体的棱边，如图 5-18 中的 O 点）。

⑥分析立体，完成透视图。

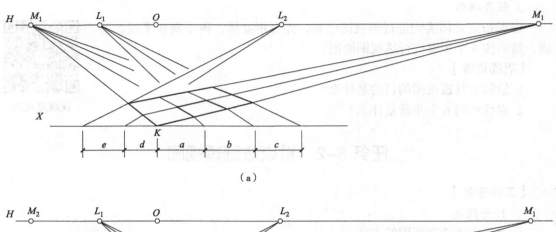

（a）

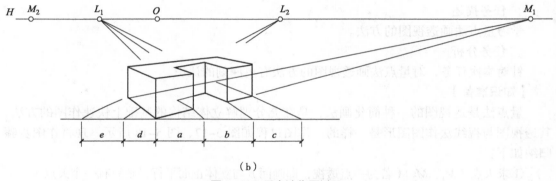

（b）

图 5-18　量点法作图过程

【任务实施】

1. 任务说明

绘制一指定立体，要充分分析结构，选定视角、视高、视距进行量点法透视图绘制。此任务要求绘制两张 A4 作品。

2. 任务准备

准备制图工具、图纸等。

3. 任务操作

根据指定立体实物进行透视图绘制。先分析立体，再绘制视平线、基线，然后按 6 个步骤用量点法进行透视图绘制。

【巩固训练】

1. 量点法的 6 个步骤是什么？

2. 图 5-19 是已知家具主视图和左视图，分析其立体效果，并画出透视图。如图 5-20 所示就是用量点法画图 5-19 所示家具形体透视图的实例。

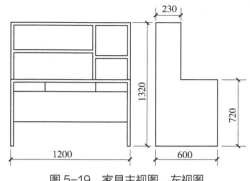

图 5-19　家具主视图、左视图

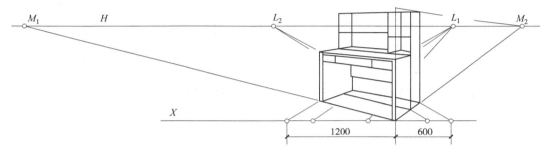

图 5-20　用量点法画家具形体的透视图

3. 请结合图 5-17、图 5-18 步骤进行抄绘（注意画面 P 与家具正面偏角为 30°）。

当画面与立体水平面各方向成一定角度时，就有两个灭点，其透视图即两点透视。当画面 P 与立体正面偏角为 0° 时，透视图的画法如图 5-21 所示。现按量点法原理画图 5-21 所示立体。

从水平投影可以看出，与画面平行的一组直线没有灭点，只有与画面垂直的另一组直线有灭点，而且为主点 s'。如用量点法画，即如图 5-21 所示以主点的水平投影为圆心，至 s 距离为半径，画圆弧交 PP 于点 L，即量点的水平投影。其余画法可如图 5-22 所示。根据其量点的由来，视距 d 即半径，所以 $s'L$ 即为视距。而用量点法画一点透视也称为距离点法。

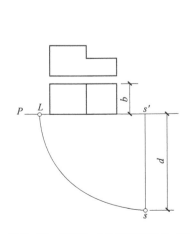

图 5-21　画面与立体正面偏角为 0°

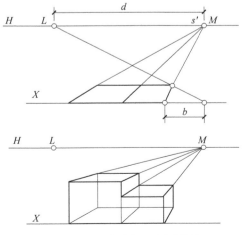

图 5-22　量点法作一点透视图

量点法

再举一例，作图过程如图 5-23、图 5-24 所示。请认真分析作图过程。

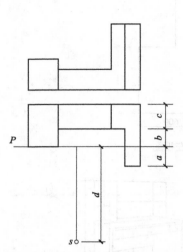

图 5-23　一立体主视图、俯视图

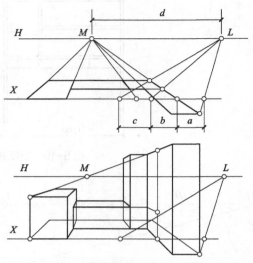

图 5-24　量点法作立体一点透视图

项目六 实木家具图纸设计案例

【学习目标】

>>**知识目标**

了解家具图样在实际应用中的表达方式及图样的种类，熟悉家具生产制作图纸。

>>**技能目标**

能识图、用图，并通过这些案例进行图样分析。

>>**素质目标**

培养学生图样分析的能力，具备家具设计工程技术人员严谨的职业素质。

任务 6-1　轻奢餐椅图纸设计案例

【工作任务】

>>**任务描述**

识读轻奢餐椅产品工艺流程图和三视图。

>>**任务分析**

针对本次任务，对轻奢餐椅产品工艺流程图有更深刻的认识。

【知识准备】

1. 工艺流程图

轻奢餐椅生产工艺流程图如图 6-1 所示（任务 6-1 至任务 6-13 工艺流程均同此图，故仅在此呈现）。

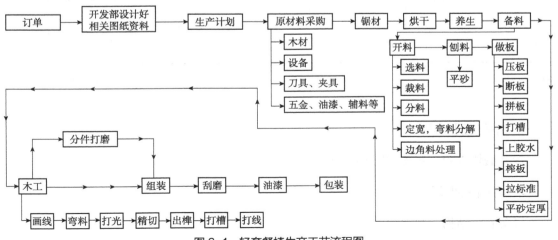

图 6-1　轻奢餐椅生产工艺流程图

2. 配料表

轻奢餐椅配料表见表 6-1。

表 6-1 轻奢餐椅配料表 单位：mm

产品名称：轻奢餐椅		产品编号：			产品尺寸：470×455×1030				
生产数量：		（套/件）木质：							

序号	零部件名称	材料名称	毛料尺寸			净料尺寸			数量	备注
001	靠头	花梨木	430	模/50	×38	420	模/50	35	1	
002	后脚	花梨木	1030	模/127	×35	1020	模/127	32	2	
003	前脚	花梨木	460	模/45	模/45	450	模/45	模/45	2	
004	靠背板	花梨木	594	模/36	模/140	584	模/36	模/140	1	
005	前面方	花梨木	480	模/50	×42	470	模/50	40	1	
006	后面方	花梨木	550	×48	×42	540	45	40	1	
007	侧面方	花梨木	450	模/50	×43	440	模/50	40	1	
008	龙档	花梨木	430	×33	×23	420	30	20	1	
009	侧拉方	花梨木	524	×28	×28	514	25	25	2	
010	后拉方/下中拉方	花梨木	495	×28	×28	485	25	25	2	
011	面板	花梨木	420	×400	×13	410	390	11	1	

制表：蒋佳志 审核： 日期：2020 年 5 月 10 日

3. 外观三视图

轻奢餐椅外观三视图如图 6-2 所示。

4. 结构三视图

轻奢餐椅结构三视图如图 6-3 所示。

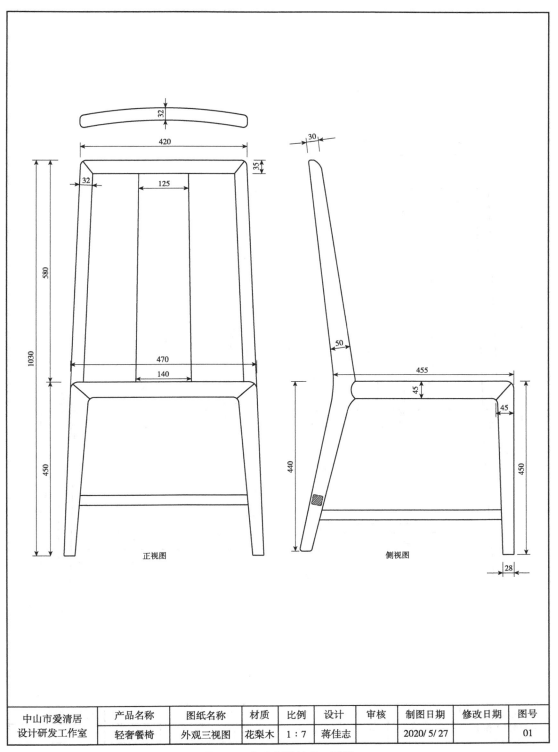

中山市爱清居	产品名称	图纸名称	材质	比例	设计	审核	制图日期	修改日期	图号
设计研发工作室	轻奢餐椅	外观三视图	花梨木	1:7	蒋佳志		2020/5/27		01

图6-2 轻奢餐椅外观三视图

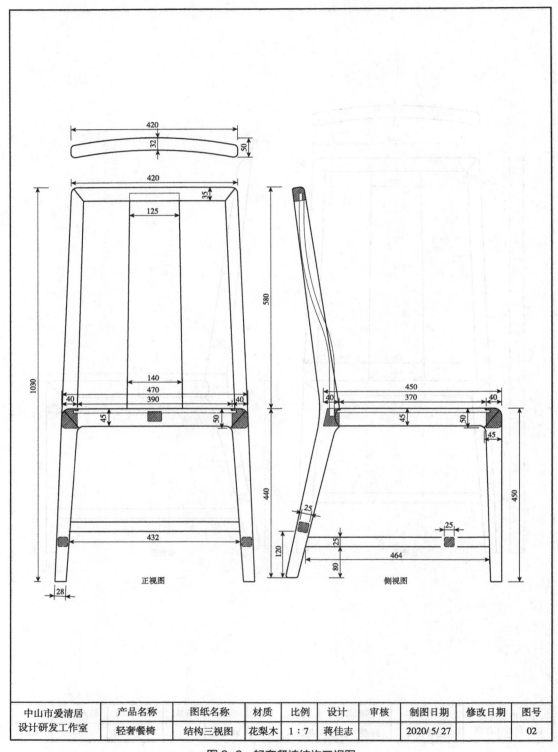

正视图

侧视图

中山市爱清居 设计研发工作室	产品名称	图纸名称	材质	比例	设计	审核	制图日期	修改日期	图号
	轻奢餐椅	结构三视图	花梨木	1：7	蒋佳志		2020/ 5/ 27		02

图6-3　轻奢餐椅结构三视图

任务 6-2　新中式茶椅图纸设计案例

【工作任务】

≫任务描述

识读新中式茶椅图纸设计和产品工艺流程图。

≫任务分析

针对本次任务，对新中式茶椅图纸设计有更深刻的认识。

1. 工艺流程图

新中式茶椅生产工艺流程图见图 6-1。

2. 配料表

新中式茶椅配料表见表 6-2。

表 6-2　新中式茶椅配料表　　　　　　　　　　　　　单位：mm

产品名称：新中式茶椅		产品编号：			产品尺寸：450×435×1000				
生产数量：		（套/件）木质：							
序号	零部件名称	材料名称	毛料尺寸			净料尺寸			数量	备注
001	靠头	花梨木	410	模	×38	400	模	35	1	
002	后下横方	花梨木	410	模/35	模/35	400	模/35	模/35	1	
003	后脚	花梨木	1010	模/35	×38	1000	模/35	35	2	
004	靠背条	花梨木	522	模/20	×18	512	模/20	15	5	
005	扶手上横方	花梨木	415	×38	×38	405	35	35	2	
006	前脚	花梨木	460	×63	×28	450	60	25	1	
007	坐框前横方	花梨木	430	×63	×28	420	60	25	1	
008	坐框后横方	花梨木	445	×63	×28	435	60	25	2	
009	坐框侧横方	花梨木	365	×33	×23	355	30	20	1	
010	坐框龙档	花梨木	410	×43	×23	400	40	20	1	
011	前裙板	花梨木	400	×43	×23	390	40	20	1	
012	后裙板	花梨木	405	×43	×23	395	40	20	2	
013	侧裙板	花梨木	426	×28	×28	416	25	25	2	
014	侧下横	花梨木	420	×28	×28	410	25	25	1	
015	下拉条	花梨木	360	×345	×12	350	335	10	1	

制表：蒋佳志　　　　　　　　　审核：　　　　　　　　　日期：2020 年 5 月 10 日

3. 外观三视图

新中式茶椅外观三视图如图 6-4 所示。

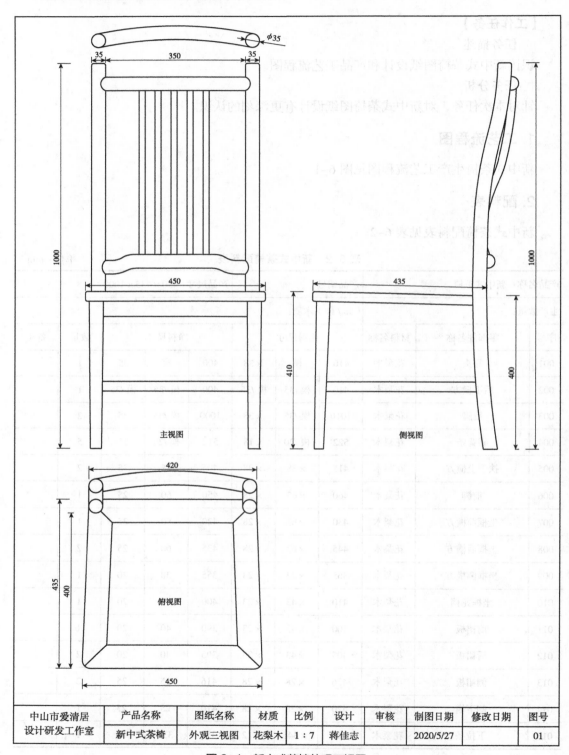

中山市爱清居设计研发工作室	产品名称	图纸名称	材质	比例	设计	审核	制图日期	修改日期	图号
	新中式茶椅	外观三视图	花梨木	1：7	蒋佳志		2020/5/27		01

图 6-4　新中式茶椅外观三视图

4. 结构三视图

新中式茶椅结构三视图如图 6-5 所示。

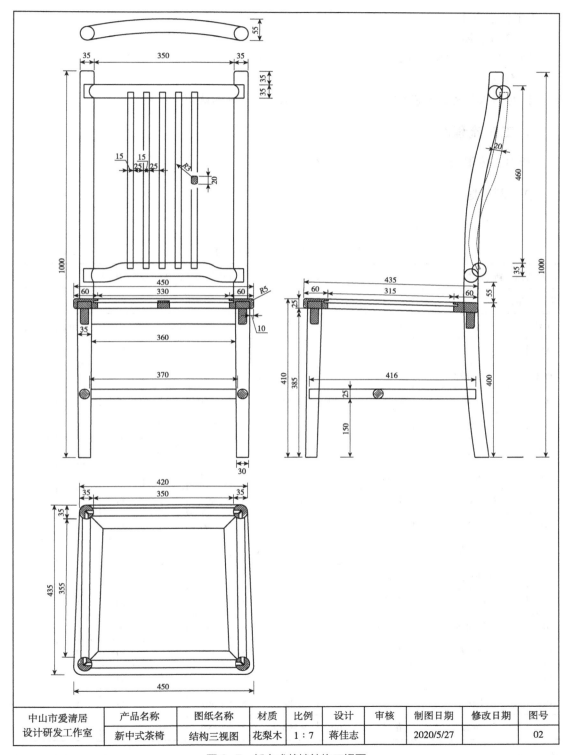

中山市爱清居设计研发工作室	产品名称	图纸名称	材质	比例	设计	审核	制图日期	修改日期	图号
	新中式茶椅	结构三视图	花梨木	1:7	蒋佳志		2020/5/27		02

图 6-5　新中式茶椅结构三视图

任务 6-3　新中式休闲椅图纸设计案例

【工作任务】

>>任务描述

识读新中式休闲椅图纸设计和产品工艺流程图。

>>任务分析

针对本次任务，对新中式休闲椅图纸设计有更深刻的认识。

1. 工艺流程图

新中式休闲椅生产工艺流程图见图 6-1。

2. 配料表

新中式休闲椅配料表见表 6-3。

表 6-3　新中式休闲椅配料表　　　　　　　　　　　　　　　单位：mm

产品名称：新中式休闲椅		产品编号：			产品尺寸：590×485×1050			
生产数量：		（套/件）木质：						

序号	零部件名称	材料名称	毛料尺寸			净料尺寸			数量	备注
001	靠头	花梨木	550	模	×38	540	模	35	1	
002	后下横方	花梨木	550	模/35	模/35	540	模/35	模/35	1	
003	后脚	花梨木	1060	模/35	×38	1050	模/35	35	2	
004	靠背条	花梨木	522	模/20	×18	512	模/20	15	5	
005	扶手上横方	花梨木	495	模/35	×38	485	模/35	35	2	
006	前脚	花梨木	620	×38	×38	610	35	35	2	
007	坐框前横方	花梨木	600	×63	×28	590	60	25	1	
008	坐框后横方	花梨木	570	×63	×28	560	60	25	1	
009	坐框侧横方	花梨木	495	×63	×28	485	60	25	2	
010	坐框龙档	花梨木	425	×33	×23	415	30	20	1	
011	前裙板	花梨木	570	×43	×23	560	40	20	1	
012	后裙板	花梨木	540	×43	×23	530	40	20	1	
013	侧裙板	花梨木	465	×43	×23	455	40	20	2	
014	侧下横	花梨木	486	×28	×28	476	25	25	2	
015	下拉条	花梨木	575	×28	×28	565	25	25	1	
016	面板	花梨木	500	×395	×13	490	385	10	1	

制表：蒋佳志　　　　　　　　　审核：　　　　　　　　　日期：2020 年 5 月 10 日

3. 外观三视图

新中式休闲椅外观三视图如图 6-6 所示。

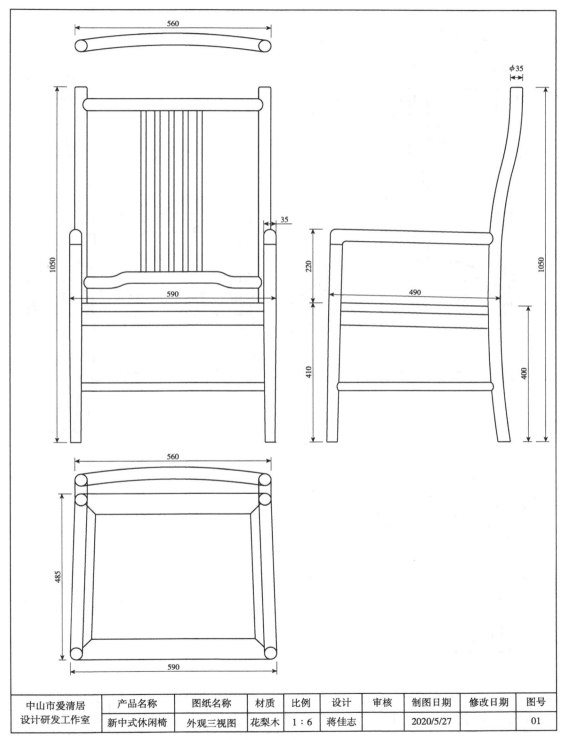

中山市爱清居 设计研发工作室	产品名称	图纸名称	材质	比例	设计	审核	制图日期	修改日期	图号
	新中式休闲椅	外观三视图	花梨木	1：6	蒋佳志		2020/5/27		01

图 6-6　新中式休闲椅外观三视图

4. 结构三视图

新中式休闲椅结构三视图如图 6-7 所示。

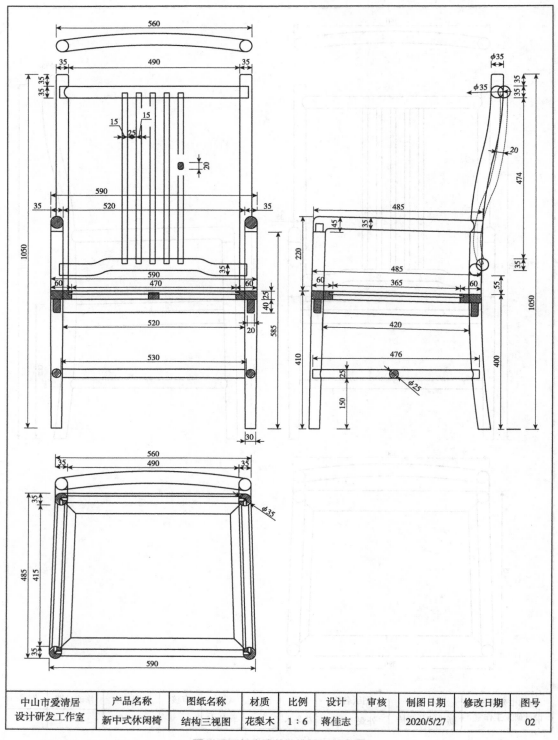

中山市爱清居 设计研发工作室	产品名称	图纸名称	材质	比例	设计	审核	制图日期	修改日期	图号
	新中式休闲椅	结构三视图	花梨木	1∶6	蒋佳志		2020/5/27		02

图 6-7　新中式休闲椅结构三视图

任务 6-4　四出头官帽椅图纸设计案例

【工作任务】

>>任务描述

识读四出头官帽椅图纸设计和产品工艺流程图。

>>任务分析

针对本次任务，对四出头官帽椅图纸设计有更深刻的认识。

1. 工艺流程图

四出头官帽椅生产工艺流程图见图 6-1。

2. 配料表

四出头官帽椅配料表见表 6-4。

表 6-4　四出头官帽椅配料表　　　　　　　　　　　　　　单位：mm

产品名称：四出头官帽椅			产品编号：			产品尺寸：600×480×1120				
生产数量：			（套/件）木质：							
序号	零部件名称	材料名称	毛料尺寸			净料尺寸			数量	备注
001	官帽椅坐板前后面枋	花梨木	610	×73	×31	600	70	28	1	
002	官帽椅坐板侧面枋	花梨木	490	×73	×31	480	70	28	1	
003	官帽椅坐板龙档	花梨木	400	×38	×28	390	35	25	2	
004	官帽椅前脚	花梨木	667	模/45	×38	657	模/45	35	5	
005	官帽椅后脚	花梨木	1085	模/91	×38	1075	模/91	35	2	
006	官帽椅下架前横枋	花梨木	597	×48	×31	587	45	28	2	
007	官帽椅下架后横枋	花梨木	583	×31	×31	573	28	28	2	
008	官帽椅下架侧横枋	花梨木	465	×31	×31	455	28	28	2	
009	官帽椅扶手	花梨木	487	模/28	×31	477	模/28	28	2	
010	官帽椅扶手支撑	花梨木	235	模/25	×28	225	模/25	25	1	
011	官帽椅靠头	花梨木	630	模/55	模/65	620	模/55	模/65	1	
012	官帽椅靠背板	花梨木	646	模/12	×173	636	模/12	170	1	
013	坐板	花梨木	490	×363	×14	480	360	11	2	
014	下架前裙板	花梨木	530	模/73	×12	520	模/73	10	1	
015	下架前竖裙板	花梨木	365	模/65	×12	355	模/65	10	1	
016	下架侧裙板	花梨木	420	模/68	×12	410	模/68	10	2	
017	下架后裙板	花梨木	538	模/68	×12	528	模/68	10	2	
018	下架前底小板	花梨木	560	×48	×12	550	45	10	1	

制表：蒋佳志　　　　　　　　　审核：　　　　　　　　　日期：2020 年 5 月 10 日

3. 外观三视图

四出头官帽椅外观三视图如图 6-8 所示。

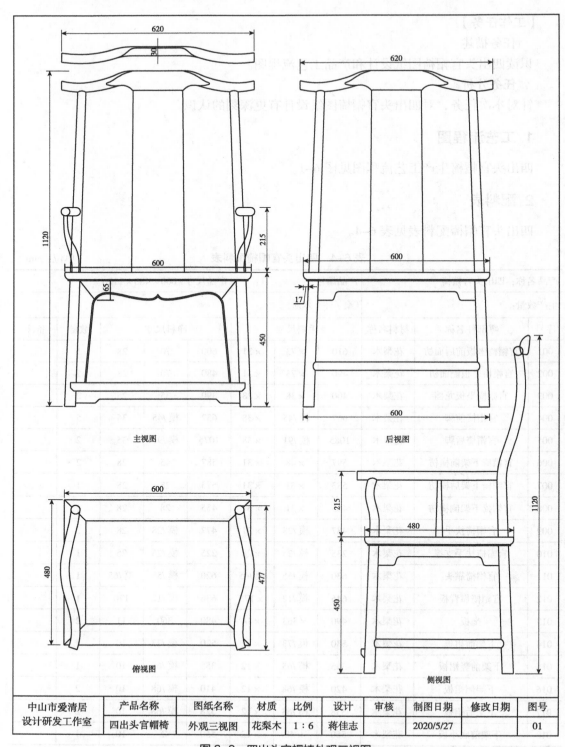

图 6-8　四出头官帽椅外观三视图

4. 结构三视图

四出头官帽椅结构三视图如图 6-9 所示。

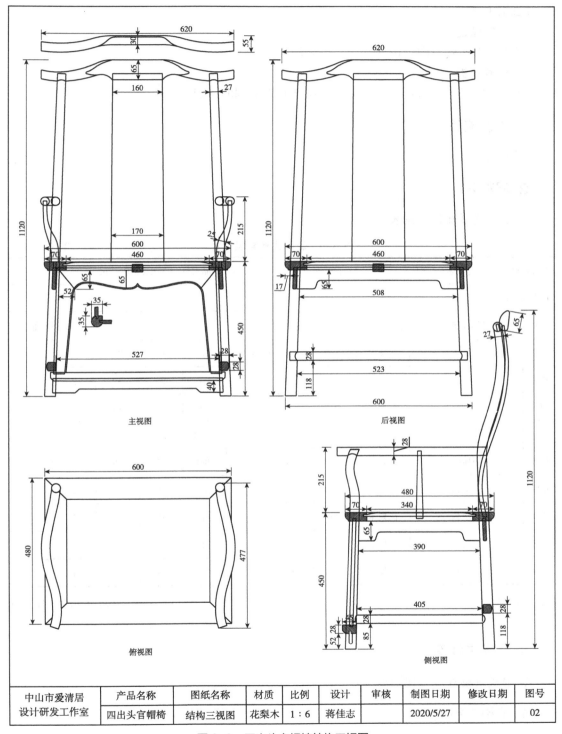

图 6-9 四出头官帽椅结构三视图

中山市爱清居 设计研发工作室	产品名称	图纸名称	材质	比例	设计	审核	制图日期	修改日期	图号
	四出头官帽椅	结构三视图	花梨木	1:6	蒋佳志		2020/5/27		02

任务 6-5　新中式餐桌图纸设计案例

【工作任务】

≫任务描述

识读新中式餐桌图纸设计和产品工艺流程图。

≫任务分析

针对本次任务，对新中式餐桌图纸设计有更深刻的认识。

1. 工艺流程图

新中式餐桌生产工艺流程图见图 6-1。

2. 配料表

新中式餐桌配料表见表 6-5。

表 6-5　新中式餐桌配料表　　　　　　　　　　单位：mm

产品名称：新中式餐桌		产品编号：		产品尺寸：1380×810×760				
生产数量：		（套/件）木质：						
序号	零部件名称	材料名称	毛料尺寸			净料尺寸		数量	备注
001	长面方	花梨木	1390	×88	×35	1380	85	32	2
002	短面方	花梨木	820	×88	×35	810	85	32	2
003	面板龙档	花梨木	710	×38	×28	700	35	25	3
004	长压线	花梨木	1360	×35	×31	1350	32	28	2
005	短压线	花梨木	790	×35	×31	780	32	28	2
006	长裙板	花梨木	1360	×73	×35	1350	70	32	2
007	短裙板	花梨木	790	×73	×35	780	70	32	2
008	脚	花梨木	710	模/75	模/75	700	模/75	模/75	4
009	面板	花梨木	1244	×667	×15	1234	664	12	1

制表：蒋佳志　　　　　　　　审核：　　　　　　　　　日期：2020 年 5 月 28 日

3. 外观三视图

新中式餐桌外观三视图如图 6-10 所示。

4. 结构三视图

新中式餐桌结构三视图如图 6-11 所示。

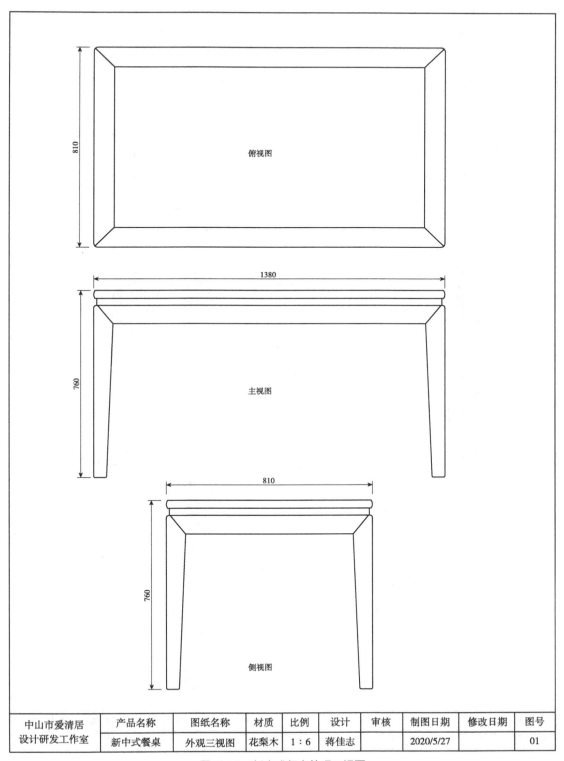

中山市爱清居设计研发工作室	产品名称	图纸名称	材质	比例	设计	审核	制图日期	修改日期	图号
	新中式餐桌	外观三视图	花梨木	1：6	蒋佳志		2020/5/27		01

图6-10　新中式餐桌外观三视图

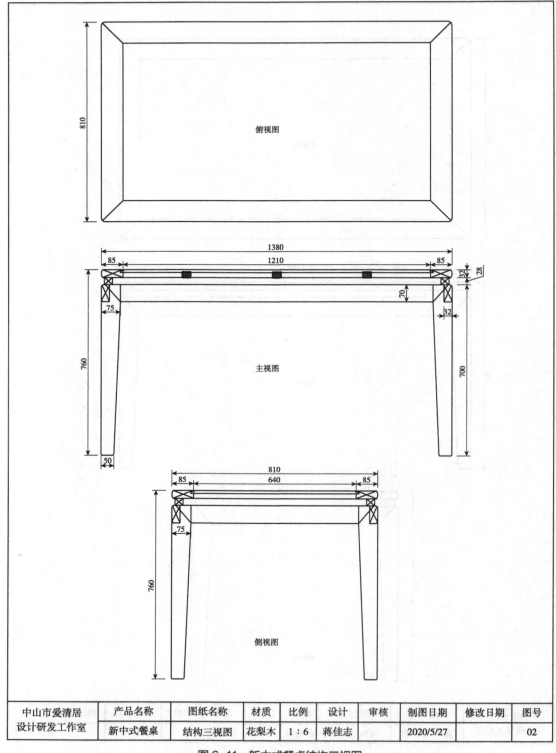

中山市爱清居 设计研发工作室	产品名称	图纸名称	材质	比例	设计	审核	制图日期	修改日期	图号
	新中式餐桌	结构三视图	花梨木	1：6	蒋佳志		2020/5/27		02

图 6-11　新中式餐桌结构三视图

任务6-6　书桌图纸设计案例

【工作任务】

>>任务描述

识读书桌图纸设计和产品工艺流程图。

>>任务分析

针对本次任务，对1m书桌图纸设计有更深刻的认识。

1. 工艺流程图

书桌生产工艺流程图见图6-1。

2. 配料表

书桌生产工艺配料表见表6-6。

表6-6　1m书桌生产工艺配料表　　　　　　　　单位：mm

产品名称：书桌		产品编号：			产品尺寸：1000×550×760				
生产数量：		（套/件）木质：							
序号	零部件名称	材料名称	毛料尺寸			净料尺寸			数量	备注
001	长面方	花梨木	1010	×73	×31	1000	70	28	2	
002	短面方	花梨木	560	×73	×31	550	70	28	2	
003	前后中横方	花梨木	956	×35	×31	946	32	28	2	
004	侧中/下拉方	花梨木	506	×35	×31	496	32	28	4	
005	边脚柱	花梨木	760	×35	×35	750	32	32	4	
006	面板龙档	花梨木	470	×38	×23	460	35	20	2	
007	抽屉面板	花梨木	290	×113	×23	280	110	20	3	
008	抽屉挂档1	花梨木	506	×35	×23	496	32	20	2	
009	抽屉挂档2	花梨木	506	×41	×35	496	38	32	2	
010	中竖方	花梨木	160	×35	×31	150	32	28	4	
011	面板	花梨木	890	×433	×15	880	430	12	1	
012	侧板	花梨木	476	×133	×15	466	130	12	2	
013	背板	花梨木	310	×128	×15	300	125	12	3	
014	抽屉侧板	花梨木	410	×108	×15	400	105	12	6	
015	抽屉后板	花梨木	280	×93	×15	270	90	12	3	
016	抽屉底板	花梨木	415	×273	×13	405	270	10	3	

制表：蒋佳志	审核：	日期：2020年5月28日

3. 外观三视图

书桌外观三视图如图 6–12 所示。

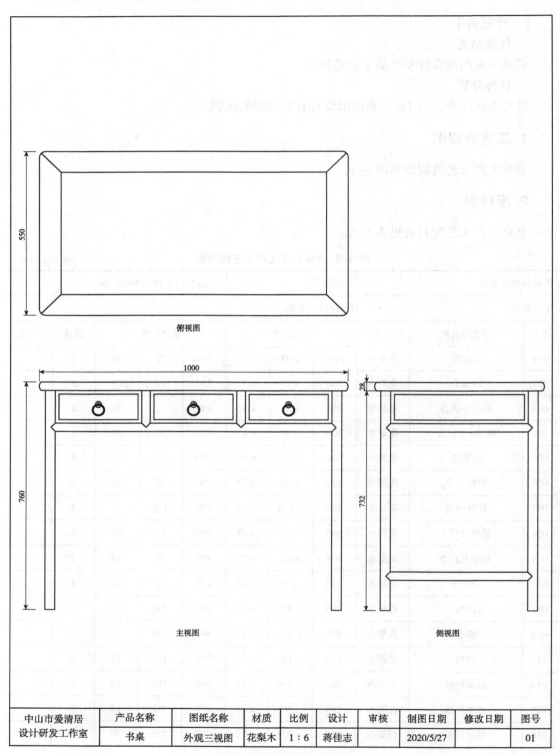

中山市爱清居 设计研发工作室	产品名称	图纸名称	材质	比例	设计	审核	制图日期	修改日期	图号
	书桌	外观三视图	花梨木	1∶6	蒋佳志		2020/5/27		01

图 6-12　书桌外观三视图

4. 结构三视图

书桌结构三视图如图 6-13 所示。

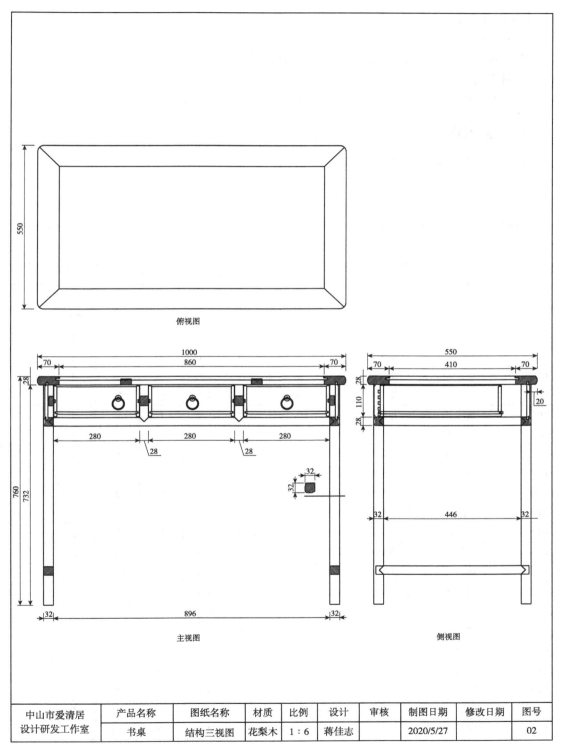

图 6-13　书桌结构三视图

任务 6-7　新中式床头柜图纸设计案例

【工作任务】

➤➤任务描述

识读新中式床头柜图纸设计和产品工艺流程图。

➤➤任务分析

针对本次任务，对新中式床头柜图纸设计有更深刻的认识。

1. 工艺流程图

新中式床头柜生产工艺流程图见图 6-1。

2. 配料表

新中式床头柜产品配料表见表 6-7。

表 6-7　新中式床头柜产品配料表　　　　　　　　　　　　单位：mm

产品名称：新中式床头柜		产品编号：			产品尺寸：480×450×550				
生产数量：		（套/件）木质：							

序号	零部件名称	材料名称	毛料尺寸			净料尺寸			数量	备注
001	长面方	花梨木	490	×73	×31	480	70	28	2	
002	短面方	花梨木	460	×73	×31	450	70	28	2	
003	下横方短	花梨木	490	×31	×31	480	28	28	2	
004	下横方长	花梨木	460	×31	×31	450	28	28	2	
005	边柱	花梨木	186	×35	×35	176	32	32	4	
006	面板龙档	花梨木	370	×38	×23	360	35	20	1	
007	抽屉面板	花梨木	426	×123	×23	416	120	20	1	
008	抽屉挂档	花梨木	446	×35	×23	436	32	20	2	
009	长压条	花梨木	465	×31	×23	455	28	20	2	
010	短压条	花梨木	435	×31	×23	425	28	20	2	
011	长裙板	花梨木	465	×48	×31	455	45	28	2	
012	短裙板	花梨木	435	×48	×31	425	45	28	2	
013	脚柱	花梨木	364	模/45	模/45	354	模/45	模/45	4	
014	下拉方1	花梨木	462	×31	×23	452	28	20	2	
015	下拉方2	花梨木	422	×31	×23	412	28	20	2	
016	下横条	花梨木	470	×23	×18	460	20	15	8	
017	背板	花梨木	446	×143	×13	436	140	10	1	
018	侧板	花梨木	416	×143	×13	406	140	10	2	
019	抽屉侧板	花梨木	410	×118	×15	400	115	12	2	
020	抽屉后板	花梨木	416	×103	×15	406	100	12	1	
021	抽屉底板	花梨木	416	×408	×13	406	405	10	1	

制表：蒋佳志　　　　　　　审核：　　　　　　　日期：2020 年 5 月 28 日

3. 外观三视图

新中式床头柜外观三视图如图 6-14 所示。

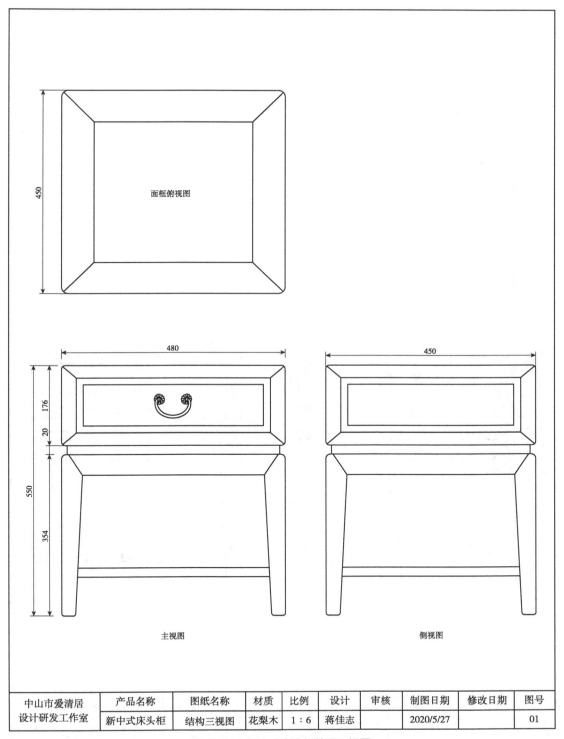

图 6-14　新中式床头柜外观三视图

4. 结构三视图

新中式床头柜结构三视图如图 6-15 所示。

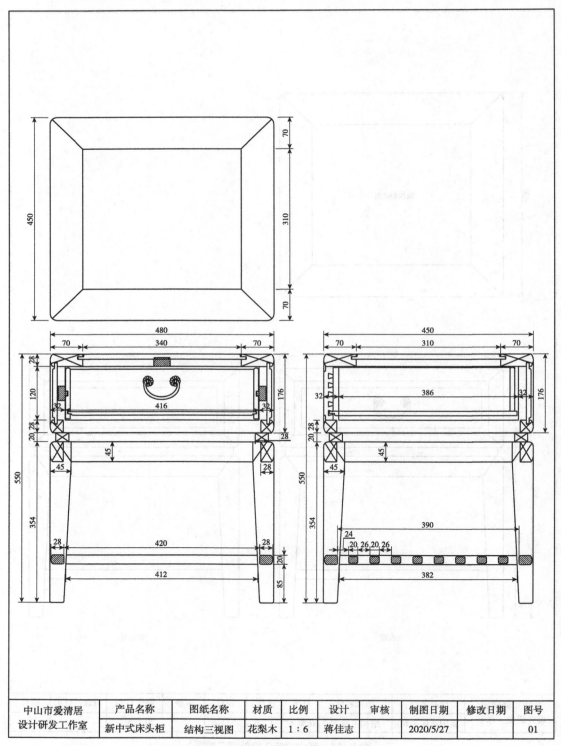

中山市爱清居 设计研发工作室	产品名称	图纸名称	材质	比例	设计	审核	制图日期	修改日期	图号
	新中式床头柜	结构三视图	花梨木	1：6	蒋佳志		2020/5/27		01

图 6-15　新中式床头柜结构三视图

任务 6-8　中式床头柜图纸设计案例

【工作任务】

>>任务描述

识读中式床头柜图纸设计和产品工艺流程图。

>>任务分析

针对本次任务，对中式床头柜图纸设计有更深刻的认识。

1. 工艺流程图

中式床头柜生产工艺流程图见图 6-1。

2. 配料表

中式床头柜产品配料表见表 6-8。

表 6-8　中式床头柜产品配料表　　　　　　　　单位：mm

产品名称：中式床头柜		产品编号：				产品尺寸：530×480×510			
生产数量：		（套/件）木质：							
序号	零部件名称	材料名称	毛料尺寸			净料尺寸			数量	备注
001	前面方	花梨木	540	×68	×31	530	65	28	1	
002	侧面方	花梨木	490	×68	×31	480	65	28	2	
003	后面方	花梨木	520	×58	×31	510	55	28	1	
004	面板龙档	花梨木	420	×33	×23	410	30	20	1	
005	前上/中/后上横方	花梨木	500	×33	×28	490	30	25	3	
006	前/后下横方	花梨木	500	×38	×28	490	35	25	2	
007	侧上横方	花梨木	465	×33	×28	455	30	25	2	
008	侧下横方	花梨木	465	×38	×28	455	35	25	2	
009	柱子	花梨木	422	×38	×38	412	35	35	4	
010	侧/后竖方	花梨木	412	×38	×28	402	35	25	3	
011	前裙板	花梨木	540	×73	×33	530	70	30	1	
012	侧裙板	花梨木	490	×73	×33	480	70	30	1	
013	后裙板	花梨木	520	×70	×20	510	70	20	1	
014	门上下横方	花梨木	225	×43	×28	215	40	25	4	
015	门竖方	花梨木	247	×43	×28	237	40	25	4	
016	门板龙档	花梨木	185	×33	×20	175	30	17	2	
017	抽屉面板	花梨木	440	×103	×28	430	100	25	1	
018	抽屉挂档	花梨木	465	×28	×28	455	25	25	2	
019	面板	花梨木	430	×383	×14	420	380	11	1	
020	抽屉侧板	花梨木	410	×98	×14	400	95	11	2	
021	抽屉后板	花梨木	430	×83	×13	420	80	10	1	
022	抽屉底板	花梨木	430	×408	×13	420	405	10	1	
023	侧板	花梨木	392	×208	×13	382	205	10	4	
024	后板	花梨木	392	×221	×13	382	218	10	2	
025	门板	花梨木	187	×158	×13	177	155	10	2	

制表：蒋佳志　　　　　　　　审核：　　　　　　　　日期：2020 年 5 月 28 日

3. 外观三视图

中式床头柜外观三视图如图 6-16 所示。

中山市爱清居 设计研发工作室	产品名称	图纸名称	材质	比例	设计	审核	制图日期	修改日期	图号
	中式床头柜	外观三视图	花梨木	1:6	蒋佳志		2020/5/27		01

图 6-16 中式床头柜外观三视图

4. 结构三视图

中式床头柜结构三视图如图 6-17 所示。

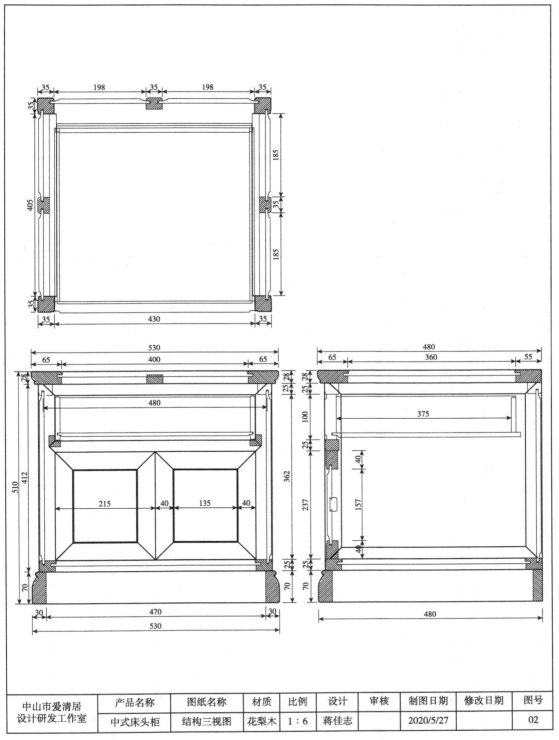

中山市爱清居 设计研发工作室	产品名称	图纸名称	材质	比例	设计	审核	制图日期	修改日期	图号
	中式床头柜	结构三视图	花梨木	1∶6	蒋佳志		2020/5/27		02

图 6-17　中式床头柜结构三视图

任务 6-9　餐边柜图纸设计案例

【工作任务】

>>任务描述

识读餐边柜图纸设计和产品工艺流程图。

>>任务分析

针对本次任务，对餐边柜图纸设计有更深刻的认识。

1. 工艺流程图

餐边柜生产工艺流程图见图 6-1。

2. 配料表

餐边柜产品配料表见表 6-9。

表 6-9　餐边柜产品配料表　　　　　　　　　　　　单位：mm

产品名称：餐边柜			产品编号：			产品尺寸：950×480×880				
生产数量：			（套/件）木质：							
序号	零部件名称	材料名称	毛料尺寸			净料尺寸			数量	备注
001	长面方	花梨木	960	×73	×31	950	70	28	2	
002	短面方	花梨木	490	×73	×31	480	70	28	2	
003	面板龙档	花梨木	400	×38	×23	390	35	20	2	
004	前后中横方	花梨木	920	×35	×28	910	32	25	2	
005	下横方	花梨木	935	×35	×28	925	32	25	2	
006	抽屉下横方	花梨木	330	×35	×28	320	32	25	2	
007	侧中横方	花梨木	450	×35	×28	440	32	25	2	
008	侧下横方	花梨木	465	×35	×28	455	32	25	2	
009	层板/底板内直方	花梨木	450	×43	×28	440	40	25	2	
010	上隔板上横方	花梨木	450	×28	×28	440	25	25	1	
011	边竖方	花梨木	760	×35	×35	750	32	32	4	
012	中竖方上	花梨木	332	×35	×28	322	32	25	2	
013	中竖方下	花梨木	450	×35	×28	440	32	25	2	
014	上背板竖方	花梨木	332	×38	×21	322	35	18	1	
015	下背板竖方	花梨木	450	×38	×21	440	35	18	1	
016	抽屉面板	花梨木	290	×190	×23	280	187	20	2	
017	抽屉挂档	花梨木	450	×35	×23	440	32	20	4	
018	门横方	花梨木	288	×43	×28	278	40	25	4	
019	门竖方	花梨木	410	×43	×28	400	40	25	4	
020	门板龙档	花梨木	258	×33	×17	248	30	14	2	
021	前后压线	花梨木	910	×28	×23	900	25	20	2	
022	侧压线	花梨木	440	×28	×23	430	25	20	2	
023	前后裙板	花梨木	910	×48	×31	900	45	28	2	
024	侧裙板	花梨木	440	×48	×31	430	45	28	2	
025	底板/层板龙档	花梨木	450	×33	×21	440	30	18	2	

（续）

序号	零部件名称	材料名称	毛料尺寸			净料尺寸			数量	备注
026	脚	花梨木	110	模/45	模/45	100	模/45	模/45	4	
027	面板	花梨木	840	×363	×15	830	360	12	1	
028	侧板1	花梨木	420	×305	×15	410	302	12	2	
029	侧板2	花梨木	430	×413	×15	420	410	12	2	
030	背板1	花梨木	310	×303	×15	300	300	12	1	
031	背板2	花梨木	310	×283	×15	300	280	12	2	
032	背板3	花梨木	310	×210	×15	300	207	12	2	

制表：蒋佳志　　　　　　　　　审核：　　　　　　　　　日期：2020年5月28日

3. 外观三视图

餐边柜外观三视图如图6-18所示。

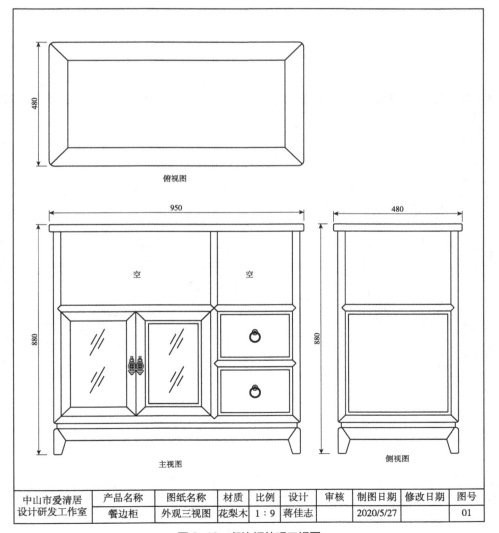

图6-18 餐边柜外观三视图

4. 结构三视图

餐边柜结构三视图如图 6-19 所示。

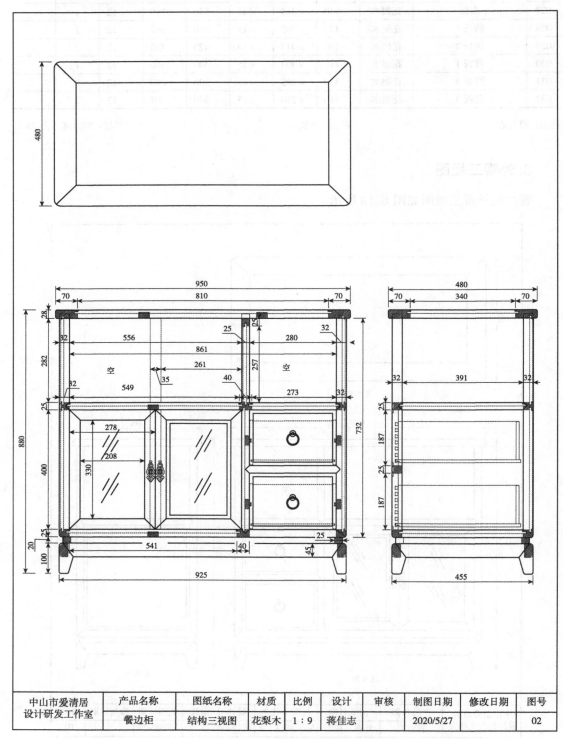

中山市爱清居 设计研发工作室	产品名称	图纸名称	材质	比例	设计	审核	制图日期	修改日期	图号
	餐边柜	结构三视图	花梨木	1：9	蒋佳志		2020/5/27		02

图 6-19　餐边柜结构三视图

任务 6-10　五抽屉博古架图纸设计案例

【工作任务】

>>**任务描述**

识读五抽屉博古架图纸设计和产品工艺流程图。

>>**任务分析**

针对本次任务，对五抽屉博古架图纸设计有更深刻的认识。

1. 工艺流程图

五抽屉博古架生产工艺流程图见图 6-1。

2. 配料表

五抽屉博古架产品配料表见表 6-10。

表 6-10　五抽屉博古架产品配料表　　　　　　　　　　单位：mm

产品名称：五抽屉博古架		产品编号：				产品尺寸：2000×350×2000				
生产数量：			（套/件）木质：							
序号	零部件名称	材料名称	毛料尺寸			净料尺寸			数量	备注
1-0			柜身							
1-1	前后上横方	花梨木	1010	×43	×43	1000	40	40	4	
1-2	前后中横方	花梨木	980	×43	×31	970	40	28	4	
1-3	前后下横方	花梨木	980	×43	×38	970	40	35	4	
1-4	侧上横方	花梨木	360	×43	×43	350	40	40	4	
1-5	侧中横方	花梨木	330	×43	×31	320	40	28	14	
1-6	侧下横方	花梨木	330	×43	×38	320	40	35	4	
1-7	抽屉上横方	花梨木	410	×43	×31	400	40	28	4	
1-8	前下中竖方	花梨木	496	×43	×31	486	40	28	2	
1-9	背板中竖方	花梨木	496	38	×33	486	35	30	4	
1-10	前下内直方	花梨木	330	×48	×38	320	45	35	2	
1-11	顶/底板及侧板龙档	花梨木	320	×38	×23	310	35	20	12	
1-12	抽屉面板1	花梨木	360	×113	×28	350	110	25	2	
1-13	抽屉面板2	花梨木	270	×113	×28	260	110	25	2	
1-14	抽屉面板3	花梨木	360	×133	×28	350	130	25	6	
1-15	抽屉挂档1	花梨木	330	×33	×23	320	30	20	10	
1-16	抽屉挂档2	花梨木	340	×33	×23	330	30	20	6	
1-17	抽屉挂档3	花梨木	344	×33	×23	334	30	20	4	
1-18	门横方	花梨木	280	×38	×28	270	35	25	8	
1-19	门竖方	花梨木	456	×38	×28	446	35	25	8	
1-20	门板龙档	花梨木	250	×33	×19	240	30	16	4	
1-21	边柱	花梨木	2010	×43	×43	2000	40	40	8	
1-22	中隔板上横方	花梨木	330	×38	×31	320	35	28	2	
1-23	顶板	花梨木	950	×293	×13	940	290	11	2	

（续）

序号	零部件名称	材料名称	毛料尺寸			净料尺寸			数量	备注
1-24	底板	花梨木	555	×293	×13	545	290	11	2	
1-25	中隔板	花梨木	460	×303	×13	450	300	11	2	
1-26	下侧板1	花梨木	614	×293	×13	604	290	11	2	
1-27	下侧板2	花梨木	476	×293	×13	466	290	11	2	
1-28	中侧板	花梨木	300	×133	×13	290	130	11	2	
1-29	内侧板	花梨木	324	×133	×13	314	130	11	6	
1-30	背板1	花梨木	476	×373	×13	466	370	11	2	
1-31	背板2	花梨木	476	×273	×13	466	270	11	4	
1-32	上抽屉侧板	花梨木	310	×108	×13	300	105	11	8	
1-33	下抽屉侧板	花梨木	310	×128	×13	300	125	11	12	
1-34	上抽屉后板1	花梨木	350	×88	×13	340	85	11	2	
1-35	上抽屉后板2	花梨木	260	×88	×13	250	85	11	2	
1-36	下抽屉后板	花梨木	350	×108	×13	340	105	11	6	
1-37	下抽屉底板 上抽屉底板1	花梨木	348	×308	×12	338	305	10	8	
1-38	上抽屉底板2	花梨木	258	×308	×12	248	305	10	2	
1-39	前后裙板	花梨木	950	×83	×12	940	80	10	4	
1-40	侧裙板	花梨木	300	×83	×12	290	80	10	4	
2-0	博古架									
2-1	博古架内横方1	花梨木	360	×38	×31	350	35	28	12	
2-2	博古架内横方2	花梨木	344	×38	×31	334	35	28	8	
2-3	博古架层板龙档	花梨木	330	×38	×23	320	35	20	8	
2-4	1号博古架前后横方	花梨木	310	×38	×31	300	35	28	4	
2-5	1号博古架竖方	花梨木	388	×31	×31	378	28	28	4	
2-6	1号博古架层板	花梨木	275	×303	×14	265	300	11	2	
2-7	2号博古架上横方	花梨木	388	×38	×31	378	35	28	4	
2-8	2号博古架下横方	花梨木	550	×38	×31	540	35	28	4	
2-9	2号博古架竖方	花梨木	230	×31	×31	220	28	28	4	
2-10	2号博古架层板1	花梨木	346	×303	×14	336	30	11	2	
2-11	2号博古架层板2	花梨木	515	×303	×14	505	300	11	2	
2-12	3号博古架下横方	花梨木	600	×38	×31	590	35	28	4	
2-13	3号博古架竖方	花梨木	280	×31	×31	270	28	28	4	
2-14	3号博古架层板	花梨木	565	×303	×14	555	300	11	2	
2-15	4号博古架下横方1	花梨木	320	×38	×31	310	35	28	4	
2-16	4号博古架下横方2	花梨木	310	×38	×31	300	35	28	4	
2-17	4号博古架竖方	花梨木	366	×31	×31	356	28	28	4	
2-18	4号博古架层板1	花梨木	270	×303	×14	260	300	11	2	
2-19	4号博古架层板2	花梨木	283	×303	×14	273	300	11	2	
2-20	5号博古架左竖方	花梨木	373	×31	×31	363	28	28	4	
2-21	5号博古架上前后横方	花梨木	400	×38	×31	390	35	28	8	
2-22	5号博古架上层板	花梨木	373	×303	×13	363	300	11	2	
2-23	博古架抽屉后背板1	花梨木	286	×129	×13	276	126	11	2	
2-24	博古架抽屉后背板2	花梨木	360	×129	×13	350	126	11	2	

制表：蒋佳志   审核：   日期：2020年5月28日

3. 外观三视图

五抽屉博古架外观三视图如图 6-20 所示。

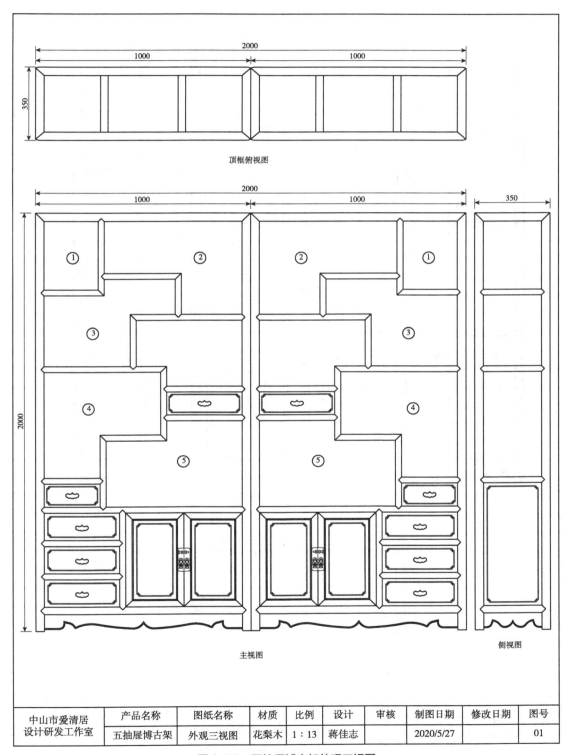

图 6-20　五抽屉博古架外观三视图

4. 结构三视图

五抽屉博古架结构三视图如图 6-21 所示。

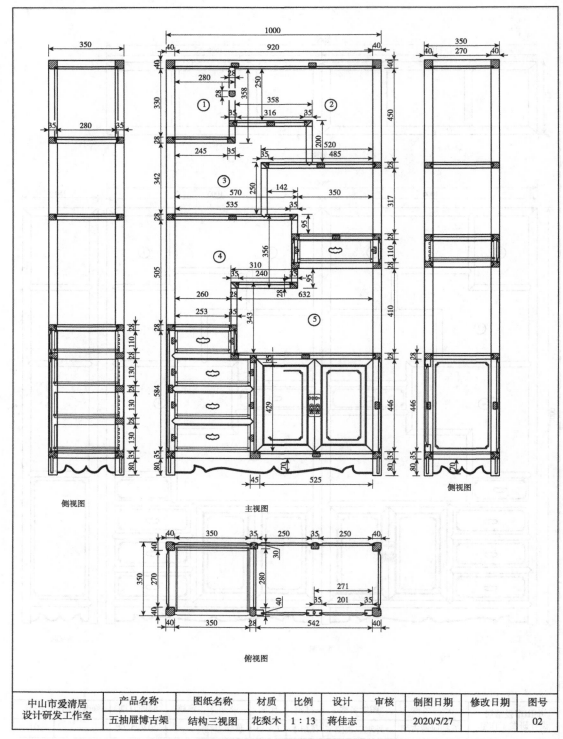

中山市爱清居 设计研发工作室	产品名称	图纸名称	材质	比例	设计	审核	制图日期	修改日期	图号
	五抽屉博古架	结构三视图	花梨木	1：13	蒋佳志		2020/5/27		02

图 6-21　五抽屉博古架结构三视图

任务 6-11　组合顶箱柜图纸设计案例

【工作任务】

≫任务描述

识读组合顶箱柜图纸设计和产品工艺流程图。

≫任务分析

针对本次任务，对组合顶箱柜图纸设计有更深刻的认识。

1. 工艺流程图

组合顶箱柜生产工艺流程图见图 6-1。

2. 配料表

组合顶箱柜产品配料表见表 6-11。

表 6-11　组合顶箱柜产品配料表　　　　　　　　　单位：mm

产品名称：组合顶箱柜		产品编号：			产品尺寸：1450×550×2240					
生产数量：		（套/件）木质：								
序号	零部件名称	材料名称	毛料尺寸			净料尺寸			数量	备注
1-0			左边上柜							
1-1	前/后上/下横方	花梨木	960	×48	×48	950	45	45	4	
1-2	侧上/下横方	花梨木	560	×48	×48	550	45	45	4	
1-3	边柱	花梨木	610	×48	×48	600	45	45	4	
1-4	顶底板内横方	花梨木	520	×43	×28	510	40	25	2	
1-5	背板竖方	花梨木	570	×43	×28	560	40	25	2	
1-6	门横方	花梨木	440	×53	×31	430	50	28	4	
1-7	门竖方	花梨木	520	×53	×31	510	50	28	4	
1-8	顶/底/侧板龙档	花梨木	520	×38	×23	510	35	20	6	
1-9	门板龙档	花梨木	390	×33	×19	380	30	16	2	
1-10	顶底板	花梨木	440	×483	×15	430	480	12	4	
1-11	侧板	花梨木	540	×483	×15	530	480	12	2	
1-12	背板	花梨木	540	×283	×15	530	280	12	3	
1-13	门板	花梨木	440	×353	×15	430	350	12	2	
2-0			右边上柜							
2-1	前/后上/下横方	花梨木	510	×48	×48	500	45	45	4	
2-2	侧上/下横方	花梨木	560	×48	×48	550	45	45	4	
2-3	边柱	花梨木	610	×48	×48	600	45	45	4	
2-4	背板竖方	花梨木	570	×43	×28	560	40	25	1	
2-5	顶/底/侧板龙档	花梨木	520	×38	×23	510	35	20	4	
2-6	顶底板	花梨木	440	×483	×15	430	480	12	2	
2-7	侧板	花梨木	540	×483	×15	530	480	12	2	
2-8	背板	花梨木	540	×208	×15	530	205	12	2	
3-0			左边底柜							
3-1	前上横方	花梨木	960	×48	×48	950	45	45	2	

（续）

序号	零部件名称	材料名称	毛料尺寸			净料尺寸			数量	备注
3-2	侧上横方	花梨木	560	×45	×45	550	45	45	2	
3-3	边柱	花梨木	1850	×48	×48	1840	45	45	4	
3-4	前后下横方	花梨木	930	×48	×43	920	45	40	2	
3-5	侧下横方	花梨木	530	×48	×43	520	45	40	2	
3-6	背板横方	花梨木	930	×43	×28	920	40	25	2	
3-7	背板竖方	花梨木	578	×43	×28	568	40	25	6	
3-8	顶板/底板/侧板中横方	花梨木	530	×43	×28	520	40	25	4	
3-9	侧板龙档2（放层板）	花梨木	530	×48	×33	520	45	30	2	
3-10	顶板/底板 侧板龙档1	花梨木	530	×38	×23	520	35	20	6	
3-11	层板前后横方	花梨木	870	×53	×31	860	50	28	2	
3-12	层板侧横方	花梨木	500	×53	×31	490	50	28	2	
3-13	层板龙档	花梨木	450	×38	×23	440	35	20	2	
3-14	门横方	花梨木	440	×53	×31	430	50	28	4	
3-15	门竖方	花梨木	1645	×53	×31	1635	50	28	4	
3-16	挂衣棒固定板	花梨木	125	×63	×28	115	60	25	2	
3-17	挂衣棒	花梨木	910	×33	×33	900	30	30	1	
3-18	门板龙档	花梨木	390	×38	×18	380	35	15	8	
3-19	顶底板	花梨木	440	×483	×15	430	480	12	4	
3-20	侧板	花梨木	837	×483	×15	827	480	12	2	
3-21	背板	花梨木	538	×283	×15	528	280	12	12	
3-22	门板	花梨木	1565	×353	×15	1555	350	12	2	
3-23	前/后裙板	花梨木	890	×123	×15	880	120	12	2	
3-24	侧裙板	花梨木	490	×123	×15	480	120	12	2	
3-25	活动层板	花梨木	790	×413	×15	780	410	12	1	
4-0					右边底柜					
4-1	前上横方	花梨木	510	×48	×48	500	45	45	2	
4-2	侧上横方	花梨木	560	×48	×48	550	45	45	2	
4-3	边柱	花梨木	1850	×48	×48	1840	45	45	4	
4-4	前后下横方	花梨木	480	×48	×43	470	45	40	2	
4-5	侧下横方	花梨木	530	×48	×43	520	45	40	2	
4-6	前后中横方	花梨木	530	×48	×35	520	45	32	4	
4-7	背板竖方1	花梨木	780	×43	×28	770	40	25	2	
4-8	背板竖方2	花梨木	470	×43	×28	460	40	25	4	
4-9	侧板中横方	花梨木	530	×43	×28	520	40	25	2	
4-10	侧板龙档2（放层板）	花梨木	530	×38	×35	520	35	32	2	
4-11	顶板/底板 侧板龙档1	花梨木	530	×38	×23	520	35	20	4	
4-12	层板侧横方（放层板）	花梨木	530	×35	×35	520	32	32	2	
4-13	门横方	花梨木	420	×53	×31	410	50	28	2	
4-14	门竖方	花梨木	760	×53	×31	750	50	28	2	

制表：蒋佳志　　　　　　　　　　审核：　　　　　　　　　　日期：2020 年 5 月 10 日

3. 功能图

组合顶箱柜产品功能图如图 6-22 所示。

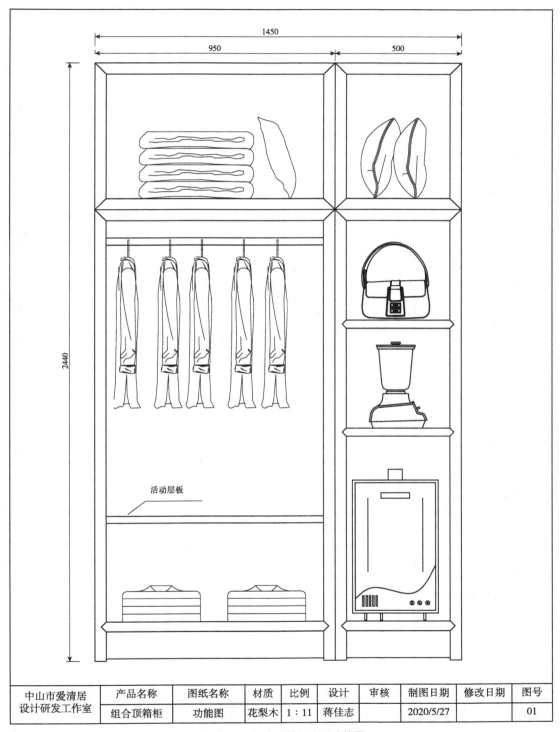

中山市爱清居设计研发工作室	产品名称	图纸名称	材质	比例	设计	审核	制图日期	修改日期	图号
	组合顶箱柜	功能图	花梨木	1：11	蒋佳志		2020/5/27		01

图 6-22　组合顶箱柜产品功能图

4. 外观三视图

组合顶箱柜外观三视图如图 6-23 所示。

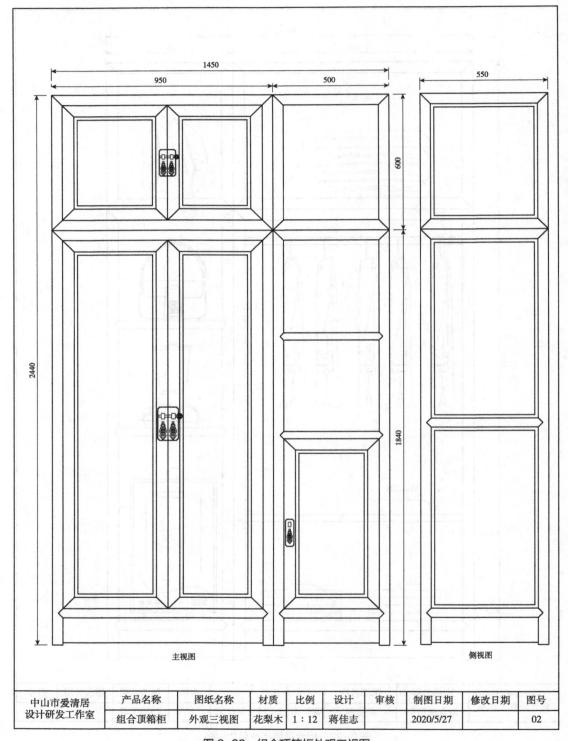

主视图　　　　　　　　　　　　　　　　　　　侧视图

中山市爱清居 设计研发工作室	产品名称	图纸名称	材质	比例	设计	审核	制图日期	修改日期	图号
	组合顶箱柜	外观三视图	花梨木	1：12	蒋佳志		2020/5/27		02

图 6-23　组合顶箱柜外观三视图

5. 左边顶柜结构三视图

产品左边顶柜结构三视图如图 6-24 所示。

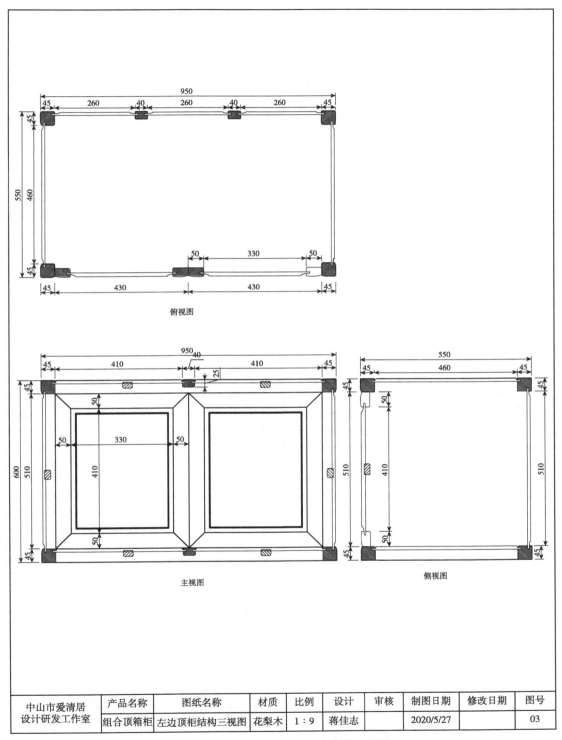

图 6-24　组合顶箱柜左边顶柜结构三视图

6. 右边顶柜结构三视图

产品右边顶柜结构三视图如图 6-25 所示。

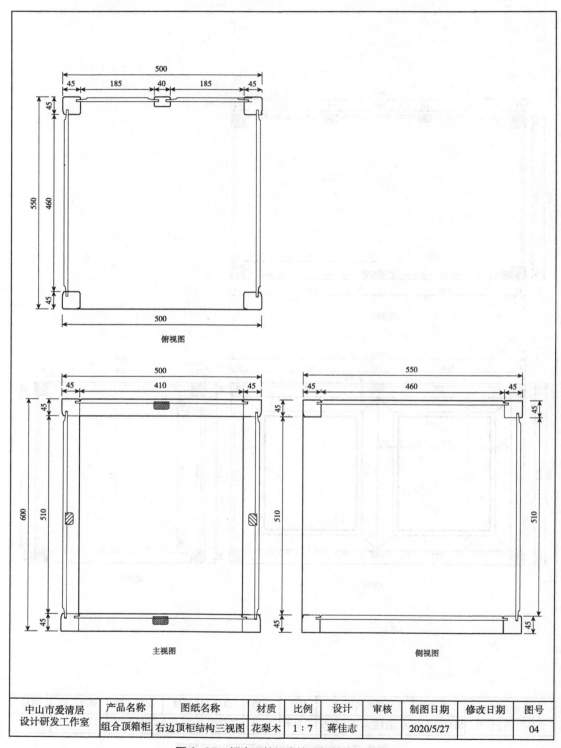

图 6-25　组合顶箱柜右边顶柜结构三视图

7. 左边底柜结构三视图

组合顶箱柜左边底柜结构图如图 6-26 所示。

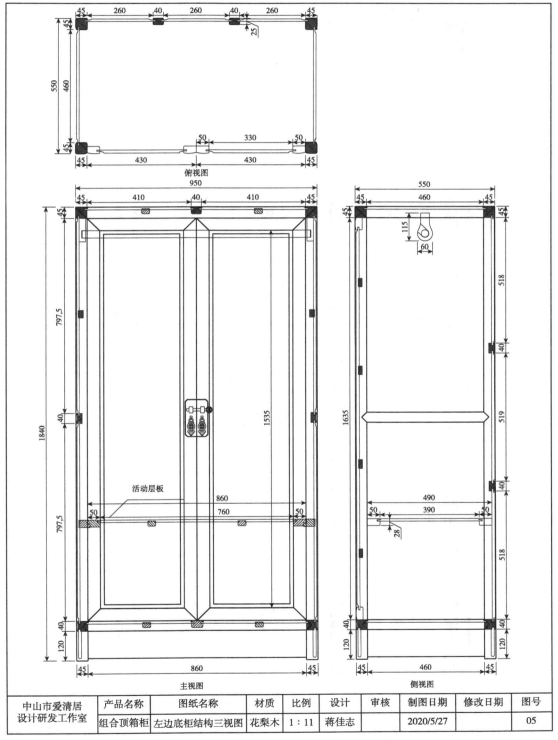

中山市爱清居 设计研发工作室	产品名称	图纸名称	材质	比例	设计	审核	制图日期	修改日期	图号
	组合顶箱柜	左边底柜结构三视图	花梨木	1:11	蒋佳志		2020/5/27		05

图 6-26　组合顶箱柜左边底柜结构三视图

8. 右边底柜结构三视图

组合顶箱柜右边底柜结构三视图如图 6-27 所示。

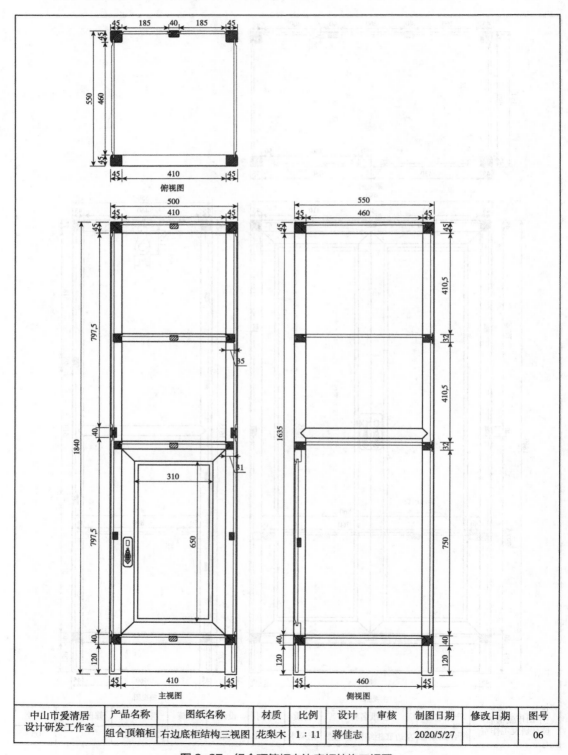

中山市爱清居设计研发工作室	产品名称	图纸名称	材质	比例	设计	审核	制图日期	修改日期	图号
	组合顶箱柜	右边底柜结构三视图	花梨木	1：11	蒋佳志		2020/5/27		06

图 6-27　组合顶箱柜右边底柜结构三视图

任务6-12　新中式大床图纸设计案例

【工作任务】

>>任务描述

识读新中式大床图纸设计和产品工艺流程图。

>>任务分析

针对本次任务，对新中式大床图纸设计有更深刻的认识。

1. 工艺流程图

新中式大床生产工艺流程图见图6-1。

2. 配料表

新中式大床产品配料表见表6-12。

表6-12　新中式大床产品配料表　　　　　　　　　　　　单位：mm

产品名称：新中式大床		产品编号：		产品尺寸：2090×1800×1200				
生产数量：		（套/件）木质：						
序号	零部件名称	材料名称	毛料尺寸			净料尺寸			数量	备注
1-0			床头							
1-1	上横方	花梨木	1810	×48	×48	1800	45	45	1	
1-2	中横方	花梨木	1780	×48	×43	1770	45	40	2	
1-3	肩横方	花梨木	300	×48	×43	290	45	40	2	
1-4	边竖方	花梨木	1210	×48	×48	1200	45	45	2	
1-5	上中竖方	花梨木	150	×48	×43	140	45	40	2	
1-6	下中竖方	花梨木	260	×48	×43	250	45	40	2	
1-7	小横条	花梨木	160	×28	×28	150	25	25	6	
1-8	床头板龙档	花梨木	635	×38	×28	625	35	25	3	
1-9	床头板	花梨木	1464	×563	×15	1454	560	12	1	
1-10	下围板	花梨木	573	×223	×15	563	220	12	3	
2-0			床尾							
2-1	上下横方	花梨木	1810	×48	×48	1800	45	45	2	
2-2	中横方	花梨木	1780	×48	×43	1770	45	40	2	
2-3	上竖条	花梨木	160	×28	×28	150	25	25	6	
2-4	上中竖方	花梨木	160	×48	×43	150	45	40	2	
2-5	中板龙档	花梨木	170	×38	×28	160	35	25	2	
2-6	上中板	花梨木	950	×118	×15	940	115	12	1	
2-7	中板	花梨木	1740	×143	×15	1730	140	12	1	
3-0			床侧/面框							
3-1	床侧	花梨木	2010	×183	×35	2000	180	32	2	
3-2	床横方下加强条	花梨木	1970	×35	×31	1960	32	28	2	
3-3	床横方端头固定条	花梨木	55	×35	×31	45	32	28	20	
3-4	床横方	花梨木	1742	×53	×48	1732	50	45	5	
3-5	床横方中脚	花梨木	137	×43	×43	127	40	40	5	
3-6	床板长横方	花梨木	2010	×88	×31	2000	85	28	4	

（续）

序号	零部件名称	材料名称	毛料尺寸			净料尺寸			数量	备注
3-7	床板短横方	花梨木	878	×88	×31	868	85	28	4	
3-8	床板中横方	花梨木	770	×73	×31	760	70	28	2	
3-9	床板中直方	花梨木	960	×73	×31	950	70	28	2	
3-10	床板龙档	花梨木	374	×38	×28	364	35	25	8	
3-11	床板	花梨木	910	×337	×15	900	334	12	8	

制表：蒋佳志　　　　　　　　审核：　　　　　　　　　日期：2020 年 5 月 28 日

3. 床头 / 床尾外观图

新中式大床床头 / 床尾外观图如图 6-28 所示。

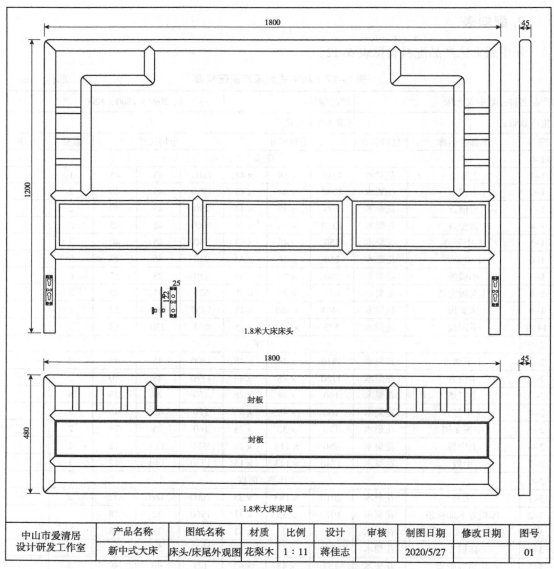

图 6-28　新中式大床床头 / 床尾外观图

4. 床架整体外观图

新中式大床床架整体外观图如图6-29所示。

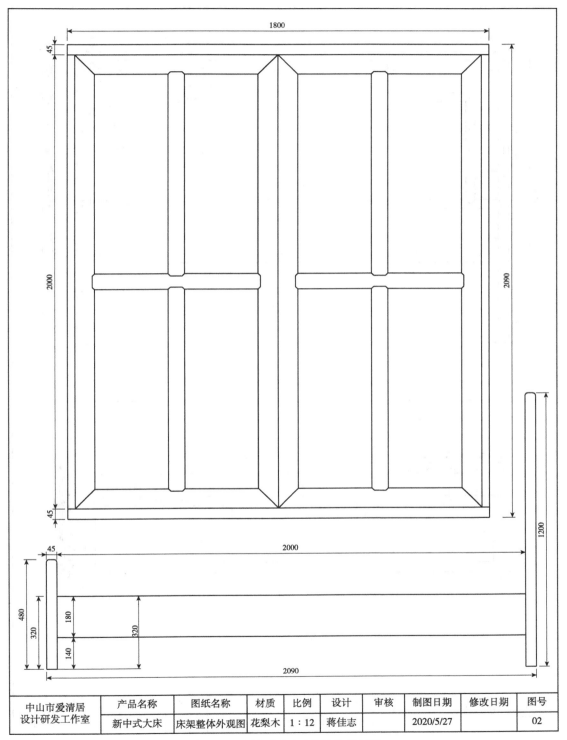

中山市爱清居设计研发工作室	产品名称	图纸名称	材质	比例	设计	审核	制图日期	修改日期	图号
	新中式大床	床架整体外观图	花梨木	1∶12	蒋佳志		2020/5/27		02

图6-29　新中式大床床架整体外观图

5. 床头／床尾结构图

新中式大床床头／床尾结构图如图 6-30 所示。

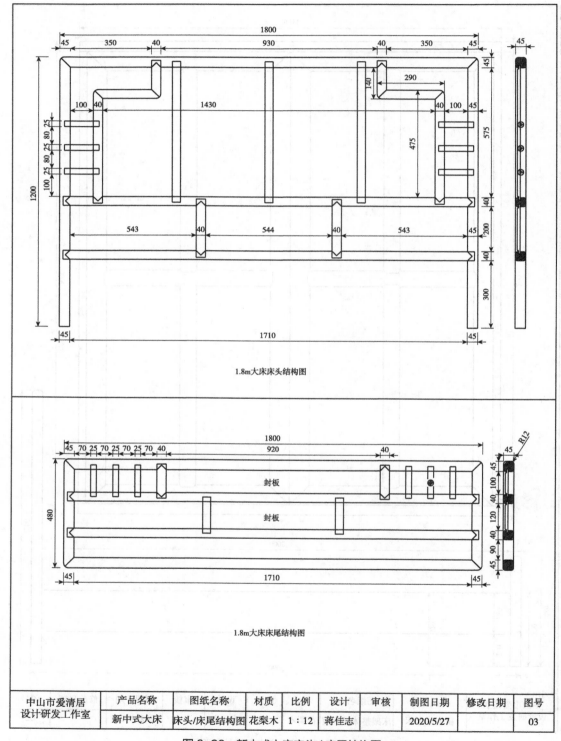

图 6-30　新中式大床床头／床尾结构图

6. 床侧 / 面框结构图

新中式大床床侧 / 面框结构图如图 6-31 所示。

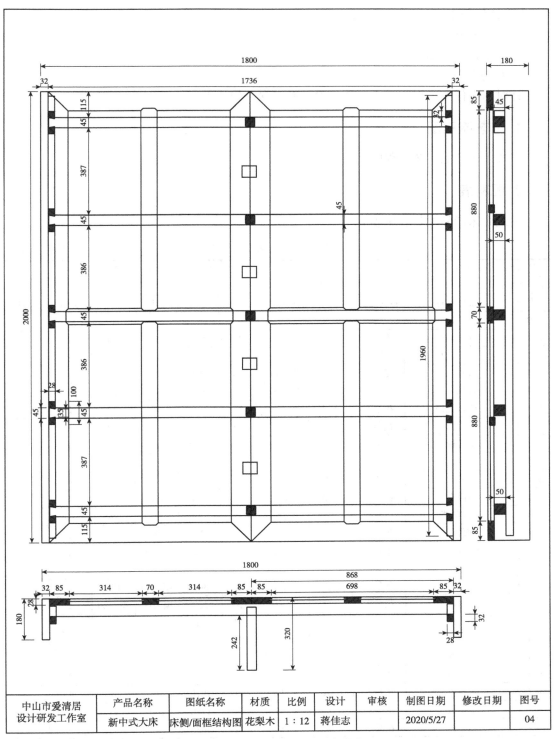

中山市爱清居设计研发工作室	产品名称	图纸名称	材质	比例	设计	审核	制图日期	修改日期	图号
	新中式大床	床侧/面框结构图	花梨木	1:12	蒋佳志		2020/5/27		04

图 6-31 新中式大床床侧 / 面框结构图

任务 6-13　中式大床图纸设计案例

【工作任务】

》任务描述

识读中式大床图纸设计和产品工艺流程图。

》任务分析

针对本次任务，对中式大床图纸设计有更深刻的认识。

1. 工艺流程图

中式大床产品工艺流程图见图 6-1。

2. 配料表

中式大床产品配料表见表 6-13。

表 6-13　中式大床产品配料表　　　　　　　　　　　　单位：mm

产品名称：中式大床			产品编号：			产品尺寸：2180×1900×1250				
生产数量：			（套/件）木质：							
序号	零部件名称	材料名称	毛料尺寸			净料尺寸			数量	备注
1-0			床头							
1-1	上中横方	花梨木	1810	模/45	×43	1800	模/45	40	1	
1-2	中/下横方	花梨木	1790	×48	×43	1780	45	40	2	
1-3	边脚柱	花梨木	1230	模/100	×48	1220	模/100	45	2	
1-4	靠背板龙档	花梨木	668	模/35	×28	658	模/35	25	4	
1-5	下横板龙档	花梨木	170	×33	×23	160	30	20	2	
1-6	靠背板	花梨木	1740	模/633	×13	1730	模/633	10	1	
1-7	下横板	花梨木	1740	×163	×13	1730	160	10	1	
2-0			床箱面板							
2-1	长面方	花梨木	2040	×103	×41	2030	100	38	4	
2-2	短面方	花梨木	910	×103	×41	900	100	38	4	
2-3	面板龙档	花梨木	775	×38	×28	760	35	25	10	
2-4	面板	花梨木	1860	×723	×13	1850	720	10	2	
2-5	床垫挡条	花梨木	1810	模/38	×33	1800	模/38	30	1	
3-0			底架							
3-1	前脚	花梨木	372	模/120	×123	362	模/120	120	2	
3-2	后脚	花梨木	372	模/100	模/100	362	模/100	模/100	2	
3-3	长压条	花梨木	2025	×33	×33	2015	30	30	2	
3-4	短压条	花梨木	1780	×33	×33	1770	30	30	2	
3-5	长压线	花梨木	2045	×53	×24	2035	50	21	2	
3-6	短压线	花梨木	1820	×53	×24	1810	50	21	2	
3-7	前裙板	花梨木	1820	×117	×41	1810	114	38	1	
3-8	后裙板	花梨木	1790	×103	×41	1780	100	38	1	
3-9	侧裙板	花梨木	2045	×117	×41	2035	114	38	2	

制表：蒋佳志　　　　　　　　审核：　　　　　　　　日期：2020 年 5 月 28 日

3. 外观三视图

中式大床外观三视图如图 6-32 所示。

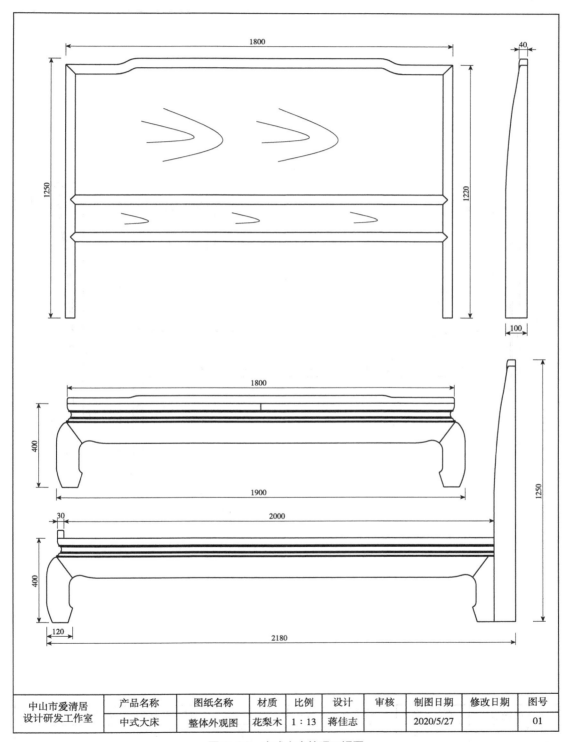

中山市爱清居 设计研发工作室	产品名称	图纸名称	材质	比例	设计	审核	制图日期	修改日期	图号
	中式大床	整体外观图	花梨木	1：13	蒋佳志		2020/5/27		01

图 6-32　中式大床外观三视图

4. 床头结构图

中式大床床头结构图如图 6-33 所示。

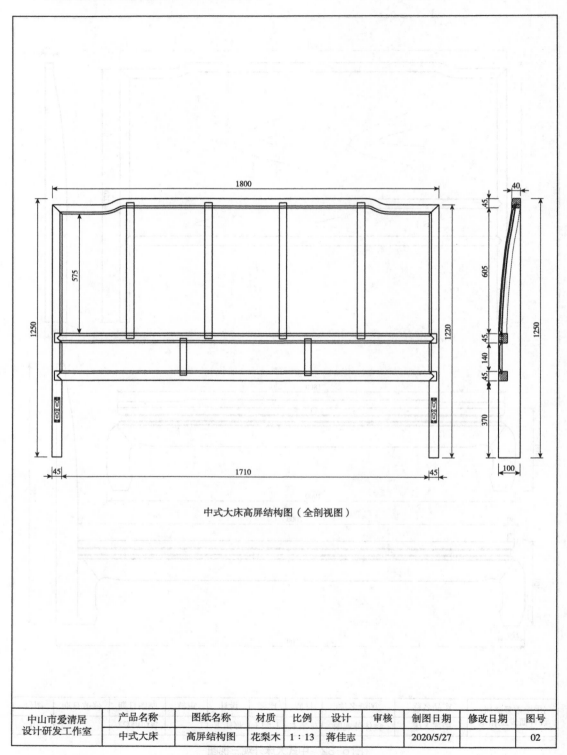

中式大床高屏结构图（全剖视图）

中山市爱清居 设计研发工作室	产品名称	图纸名称	材质	比例	设计	审核	制图日期	修改日期	图号
	中式大床	高屏结构图	花梨木	1：13	蒋佳志		2020/5/27		02

图 6-33　中式大床床头结构图

5. 床箱结构图

中式大床床箱结构图如图 6-34 所示。

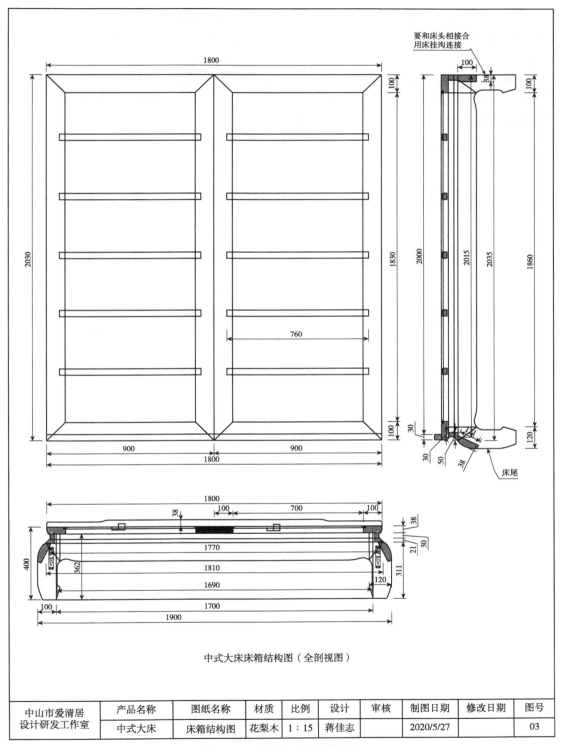

中式大床床箱结构图（全剖视图）

中山市爱清居设计研发工作室	产品名称	图纸名称	材质	比例	设计	审核	制图日期	修改日期	图号
	中式大床	床箱结构图	花梨木	1∶15	蒋佳志		2020/5/27		03

图 6-34　中式大床床箱结构图

参 考 文 献

陈年，2019. 室内设计制图 [M]. 北京：北京理工大学出版社.

何斌，陈锦昌，王枫红，2010. 建筑制图 [M]. 6版. 北京：高等教育出版社.

金方，2010. 建筑制图 [M]. 2版. 北京：中国建筑工业出版社.

彭红，陆步云，2003. 设计制图 [M]. 北京：中国林业出版社.

曾赛军，胡大虎，陈年，2011. 室内设计工程制图 [M]. 南京：南京大学出版社.

周雅南，2006. 家具制图 [M]. 北京：中国轻工业出版社.